北京市公共建筑电耗限额管理实践与探索

（2013—2016）

北京市住房和城乡建设委员会　主编

中国建筑工业出版社

图书在版编目（CIP）数据

北京市公共建筑电耗限额管理实践与探索（2013-2016）/ 北京市住房和城乡建设委员会主编 .—北京：中国建筑工业出版社，2018.4

ISBN 978-7-112-22035-9

Ⅰ.①北…　Ⅱ.①北…　Ⅲ.①公共建筑-建筑能耗-用电管理-研究-北京-2013-2016　Ⅳ.①TU242

中国版本图书馆CIP数据核字（2018）第060862号

责任编辑：石枫华　付　娇　王　磊　兰丽婷
书籍设计：京点制版
责任校对：芦欣甜

北京市公共建筑电耗限额管理实践与探索（2013-2016）
北京市住房和城乡建设委员会　主编

*

中国建筑工业出版社出版、发行（北京海淀三里河路9号）
各地新华书店、建筑书店经销
北京京点图文设计有限公司制版
北京中科印刷有限公司印刷

*

开本：787×1092毫米　1/16　印张：13½　字数：302千字
2018年8月第一版　2018年8月第一次印刷
定价：**68.00**元（含光盘）
ISBN 978-7-112-22035-9
　　　（31924）

版权所有　翻印必究
如有印装质量问题，可寄本社退换
（邮政编码 100037）

本书编写委员会

名誉主编：冯可梁

主　　编：薛　军

副 主 编：刘　斐　　李　超　　林波荣　　冷　涛　　邱明泉　　武艳丽

编　　委：王皆腾　　田　昕　　罗淑湘　　顾中煊　　夏建军　　周　浩　　陈晓东
　　　　　龙国标　　方明成　　王爱民　　邢永杰　　李禄荣　　李　翔　　刘忠昌

编写人员：李嘉麒　　李　鑫　　邱伟国　　郑学忠　　王　颖　　王秀玲　　王圣典
　　　　　王　志　　孙作亮　　武树礼　　牛寅平　　康玉杰　　赵　乐　　张伍勋
　　　　　赵　翔　　赵　峰　　孟海亮　　朱启峰　　闫　闯　　李祺冉　　李鹏伟
　　　　　赵尹鸣　　刘振兴　　晋　津　　邱样娥　　韩　克

主编单位：北京市住房和城乡建设委员会

参编单位：北京市住房和城乡建设科学技术研究所
　　　　　北京建筑技术发展有限责任公司
　　　　　国网北京节能服务有限公司
　　　　　清华大学

审稿专家：祝根立　　李德英　　盛晓康　　刘　烨　　丁洪涛　　殷　帅　　那　威
　　　　　王晓涛　　郝　斌　　郝　军　　王良平　　夏祖宏　　万水娥　　曹　勇
　　　　　贾　力

序 一

党的十九大报告中提出要牢固树立社会主义生态文明观，推动形成人与自然和谐发展现代化建设新格局。开展建筑节能工作既是新时期推进生态文明建设的重要任务，也是推动形成绿色发展方式和生活方式的重要抓手。公共建筑节能作为建筑节能工作的重点领域，一直受到各方关注。

公共建筑是人们进行各种公共活动的建筑，一般包括办公建筑、商业建筑、旅游建筑、科教文卫建筑等。公共建筑是城市现代文明的标志，是城市发展和人民实现美好生活的重要载体。随着科技的发展和人们生活水平的提高，人们不仅仅要求公共建筑具备防风御寒和安全耐用等基本功能，对其公共空间品质、公共服务功能、舒适性、美观性等方面的需求也不断提升，但随之而来的是能耗大幅上升，据统计，普通公共建筑单位建筑面积能耗是普通住宅的 3 ~ 5 倍，大型公共建筑甚至可达到 5 ~ 10 倍。

我国公共建筑节能工作开展于 2007 年，住房和城乡建设部会同财政部印发了《关于加强国家机关办公建筑和大型公共建筑节能管理工作的实施意见》（建科〔2007〕245 号），明确提出建立健全国家机关办公建筑和大型公共建筑节能监管体系，之后印发了《国家机关办公建筑和大型公共建筑节能专项资金管理暂行办法》（财建〔2007〕558 号），设立专项资金予以支持。截至目前，全国 33 个省（区、市）建设了公共建筑节能监管平台，完成公共建筑节能改造面积超过 1.5 亿平方米。

北京市作为住房和城乡建设部首批公共建筑节能监管体系建设试点城市，结合城市自身发展需要，开创性地提出了"公共建筑电耗限额管理和级差价格"工作方案并开展了相关研究工作，以公共建筑基本信息采集为突破口，以电力部门计量结算数据和市住房城乡建设部门房屋管理数据为基础，建成了涵盖 16000 多栋公共建筑基本信息和电力数据的信息系统。自开展公共建筑电耗限额管理以来，限额管理单位共节约用电 4.7 亿度，相当于 20 万户家庭一年的用电量。北京市公共建筑节能绿色化改造市场空前活跃，公共建筑节能工作得到了社会各界越来越多的认可和关注。

为了给更多的公共建筑节能管理人员提供经验和借鉴，北京市住房和城乡建设委基于 2013 年以来的北京市公共建筑电耗限额管理研究与实践，以积极推动公共建筑节能运行、实现公共建筑能耗控制为目标，详细梳理并记录了公共建筑电耗限额管理的工作历程，希望能够推动公共建筑能耗限额管理等工作方法在全国得到推广，能够对广大从业人员有一定的启发和借鉴作用。

"事辍者无功，耕怠者无获"。推动公共建筑节能，促进城市绿色发展，需要久久为功，需要每一个人从自身做起，从小事做起。需要我们不驰于空想、不骛于虚声，一步一个脚印，为实现人民对美好生活的向往而不懈奋斗。

住房和城乡建设部建筑节能与科技司

2018 年 5 月 9 日

序 二

　　本书是北京市住房和城乡建设委员会主持的北京市公共建筑电耗限额管理工作的成果报告，是政府部门、科研单位、企业等多方工作人员持续三年探索与实践的成果总结。北京市公共建筑电耗限额管理工作的目的是试图以节能目标考核为手段在公共建筑中实行电耗限额制度，从而为实现北京市"十二五"、"十三五"时期公共建筑节能约束性目标，提升城市发展质量和城市竞争力，以及建设资源节约型、环境友好型社会提供方向和途径。这应该是不断朝着国际一流的和谐宜居之都目标前进的北京市正在面对和亟需解决的重大问题，非常及时。

　　通过实践，作者发现北京市公共建筑电耗限额管理的关键是合理地制定公共建筑电耗限额指标。国内其他省份大多是依据该地区公共建筑历史电耗数据，通过统计分析的方法为每类公共建筑划定一条统一的"红线"作为限额，该限额值表征了该地区公共建筑用电的整体水平。北京市作为首都所在地，受"京津冀协同发展"、"通州副中心建设"、"非首都功能疏解"、"雄安新区建设"等政策的影响与推动，公共建筑相关的业务发展快速，变化频繁，同一建筑相邻年间的电耗变化率均值达到了10%～30%，而同类型的不同建筑间的单位面积年耗电量平均可相差2～7倍！如果也为同类型的所有公共建筑划定一个统一的电耗限额指标，势必会给因业务的快速发展而导致电耗量超出"红线"较多的公共建筑带来较大的降耗压力，甚至需要停止业务发展才能将电耗降低到"红线"以下；而对于一些用电强度较低的公共建筑，则可因低于"红线"较多而放松运行管理：这与北京市公共建筑电耗限额管理工作的"鼓励节能但不限制发展"的初衷相背离。

　　认识到这一问题，北京市以建筑自身历史用电量为基准，为每一个建筑按年度下达电耗限额指标，并按照该限额指标按年度对其进行考核。这种方法充分考虑了每个公共建筑自身的业务发展现状，为其保留业务发展空间的同时，鼓励其维持与降低建筑能耗。落实这一方案需要大范围、持续不断的可靠的公共建筑电耗数据来源，以及政府管理部门与能源企业、建筑使用者之间的顺畅的互联互通。为此，北京市住房和城乡建设委员会充分利用与整合各方平台资源，重点强化信息化技术在北京市公共建筑管理工作中的全面应用，并借助电力公司能源提供商的优势，充分保障电力数据的可靠与考核工作的落实。同时，现阶段采用了"抓大放小"的循序渐进的策略，重点管理大型建筑和高能耗建筑，稳扎稳打地坐实每栋建筑能耗和基础信息，使每栋建筑的限额值科学合理且具有可操性，使能耗限额管理取得切实的节能降耗效果。

经过四年的实践与探索，北京市公共建筑电耗限额管理工作成效显著。公共建筑总电耗量呈现下降，社会各界对北京市公共建筑节能与电耗限额管理工作的认可与关注度持续提高。

总体看，该书成果充分体现了北京市公共建筑能耗限额管理的"北京方案"，强化了信息化技术在数据系统建设中的作用。过去五年是北京从"集聚资源求增长"向"疏解功能谋发展"转型的关键阶段，而未来"提质增效"、"坚持可持续发展"将是北京市经济发展的关键词，根据行业水平为公共建筑划定统一的能耗强度"红线"将是必然趋势。实际上，经过这四年的实践积累，北京市也已具备了由现阶段的"一楼一限额"转向"统一限额"的数据与经验基础。因此，未来伴随着能耗限额方法的不断完善，限额管理范围拓展至全能耗管理，必定可为北京市公共建筑节能减排与绿色发展提供更大支撑。真诚期望以此为契机，通过各界努力，共同推动北京市乃至我国公共建筑节能管理模式、服务模式和政策模式的持续创新。

江亿

2018年3月

前　言

　　建筑节能是能源消费革命的主要内容，公共建筑节能运行是建筑节能工作的重要组成部分。作为公共建筑能耗限额管理的起步，北京市从 2013 年起开始实施公共建筑电耗限额管理。工作开展以来，公共建筑用电下降 4.7 亿度，相当于 20 万余户家庭一年用电量，折合标准煤约 13.4 万吨，公共建筑能耗限额管理初见成效。推行公共建筑能耗限额管理首先是加快生态文明建设、走新型城镇化道路的重要体现，又是落实国家能源生产和消费革命的客观要求，还是推动节能减排和应对气候变化的有效手段。

　　早在"十一五"期间，北京市住建委和北京市科委等相关部门就基于北京市民用建筑节能管理实践，组织实施了系列科技计划项目，重点针对建筑能耗数据、建筑节能技术和管理措施等展开研究，公共建筑实行全过程的用能定额和监管的思路就是在这一时期被提出的。"十二五"以来，北京市公共建筑电耗限额管理工作，在市住建委的牵头下稳步推进。2013 年主要出台了工作方案，组织有关单位开展了公共建筑电耗限额管理基础信息采集及相关平台建设工作。2014 年，电耗限额管理工作首次被纳入市政府折子工程，相关政府规章和管理办法也相继出台，公共建筑电耗限额管理被纳入法制轨道，并首次开展了电耗限额年度执行情况考核。2015 年，在连续两年开展考核的基础上，对连续两年电耗限额超 20% 的公共建筑启动了强制能源审计执法工作。2016 年，电耗限额管理再次被纳入市政府折子工程，公共建筑节能及绿色化改造的相关政策也在这一年发布。

　　本书在北京市公共建筑电耗限额管理工作实践基础上，进行了总结和凝练，主要内容如下：

　　第 1 章，对开展公共建筑电耗限额管理的时代意义展开论述，介绍公共建筑电耗限额管理的相关理论基础、必要性和可行性、启动限额管理的经验借鉴和面临的问题与挑战。

　　第 2 章，在分析开展限额管理问题障碍的基础上，提出了实施限额管理的"北京方案"，对限额管理依法推进的工作进程、2013 年以来分年度工作实践实录进行纪实。

　　第 3 章，主要对北京市开展公共建筑电耗限额管理的技术支撑工作进行介绍，包括数据采集、平台建设、数据分析、限额指标制定以及基于统计分析法的定额指标制定探索等。

　　第 4 章，从助力建筑提升运行管理、促使建筑推进节能改造、实现电耗强度总量双控等方面展现公共建筑电耗限额管理所取得的成效。

第 5 章，从开创限额管理新局面、完善限额管理制度和健全限额管理保障机制三个方面对公共建筑电耗限额管理未来的发展进行展望。

附录部分包括开展电耗限额管理工作所依据的政府规章、规范性文件等政策文件和历次新闻座谈会发布内容。

北京市的公共建筑电耗限额管理工作虽然开展时间不长，但有着自身独有的特点，这里简单列举三点：（1）在电耗限额管理的实施范围上坚持高覆盖率，已实施电耗限额管理的公共建筑面积占全市总面积的 70% 以上；（2）在限额指标制定方法上坚持"节能优先，兼顾公平"的原则，限额指标制定既同《北京市"十二五"民用建筑节能规划》中公共建筑节能目标衔接一致，又采用自身衡量法保证了限额指标的可操作性；（3）在电耗限额管理基础数据来源上坚持可信数据源与采集核查并重的原则，打破部门壁垒，建立市住建委房屋全生命周期管理平台房屋基础数据与北京市电力公司电力结算数据的数据共享机制。具体内容在本书第 2 章和第 3 章中有详细的描述。

公共建筑能耗限额管理工作的开展得到了市住建委相关各处室单位及市各相关委办局、各区住建委及街乡镇、各公共建筑产权单位、使用单位、运行管理单位及相关技术支撑单位、新闻媒体单位的大力支持；在公共建筑能耗限额管理的技术和管理问题上，得到了业内各位专家的指导和帮助；在本书编辑出版过程中，得到审稿专家和出版社编辑的许多帮助，在此一并表示感谢！希望本书的出版能够使建筑节能领域工作者，各省市建筑节能主管部门，各公共建筑产权单位、使用单位、运行管理单位及广大社会公众更多地了解北京市公共建筑电耗限额管理工作，从而对深入做好公共建筑能耗限额管理、节能运行和节能改造工作，起到积极的引导和推动作用。

编写组

2018 年 3 月

目 录

第1章 公共建筑电耗限额管理的时代意义

公共建筑电耗限额管理是"十二五"期间北京市深化建筑节能管理,注重建筑运行环节节能,在公共建筑节能管理领域开展的一项创新性工作,也是实施公共建筑能耗限额管理的开端。自2014年以来,北京市按照统筹规划、分步实施的原则,以计量基础较好的电耗限额管理为切入点,对单体建筑面积3000m²以上(含)且公共建筑面积占该单体建筑总面积50%以上(含)的公共建筑实施电耗限额管理。

北京市公共建筑电耗限额管理的工作依据是市政府办公厅印发的《北京市公共建筑能耗限额和级差价格工作方案(试行)》(京政办函〔2013〕43号)。根据该工作方案的要求,北京市住房和城乡建设委员会会同北京市发展和改革委员会制定了《北京市公共建筑电耗限额管理暂行办法》(京建法〔2014〕17号)。

上述文件的制定直接体现了《中华人民共和国节约能源法》、《民用建筑节能条例》、《"十二五"时期节能减排综合性工作方案》、《财政部住房城乡建设部关于进一步推进公共建筑节能工作的通知》(财建〔2011〕207号)、《北京市实施〈中华人民共和国节约能源法〉办法》等一系列法律法规和政策文件的相关要求。

自2007年以来,围绕着建筑能耗统计、能源审计、能耗监测等公共建筑能耗数据类基础性工作(详见表1-1),原建设部发布了多项政策文件,并组织编制了相关的采集标准、能耗数据表示方法等行业标准,为公共建筑能耗限额管理工作开展奠定了前期基础。在住房和城乡建设部发布的《"十二五"建筑节能专项规划》、《建筑节能与绿色建筑发展"十三五"规划》及相关政策文件中,公共建筑能耗限额管理均被作为重点工作任务提出,可见其对于建筑节能工作的重要意义。

公共建筑能耗数据及限额管理相关政策文件　　　　　　　　　　　表1-1

序号	政策文件名称	作用和意义
1	关于印发《民用建筑能耗统计报表制度》(试行)的通知(建科函〔2007〕271号)	启动建筑能耗统计、能源审计、能耗监测工作,为实施公共建筑能耗限额管理奠定数据基础;对建筑能耗数据采集、分类及表示方法进行规范
2	关于印发《国家机关办公建筑和大型公共建筑能源审计导则》的通知(建科〔2007〕249号)	
3	关于印发《国家机关办公建筑和大型公共建筑能耗监测系统建设相关技术导则》的通知(建科〔2008〕114号)	
4	《民用建筑能耗数据采集标准》JGJ/T 154—2007	
5	关于印发《民用建筑能耗和节能信息统计报表制度》的通知(建科〔2010〕31号)	
6	关于印发《民用建筑能耗和节能信息统计暂行办法》的通知(建科〔2012〕141号)	

续表

序号	政策文件名称	作用和意义
7	《建筑能耗数据分类及表示办法》JG/T 358—2012	对建筑能耗数据分类及表示方法进行规范
8	《"十二五"建筑节能专项规划》	对各省（区、市）提出应在能耗统计、能源审计、能耗动态监测工作基础上，研究制定各类型公共建筑的能耗限额标准的要求
9	《建筑节能与绿色建筑发展"十三五"规划》	引导各地制定公共建筑用能限额标准，并实施基于限额的重点用能建筑管理及用能价格差别化政策

公共建筑能耗限额管理作为一项建筑节能管理措施可溯源至"十一五"期间原建设部提出的"大型公共建筑节能运行监管"理念和模式，是在当时我国建筑节能相关制度、技术标准和支撑体系相对不健全、社会节能意识不强、经济市场化程度不高的大背景下提出的。随着时代的发展和社会的变迁，公共建筑能耗限额管理被赋予了生态文明建设、新型城镇化建设、能源生产和消费革命、应对气候变化等更多内涵。

2007年，党的"十七大"报告首次将"生态文明"正式写入党代会政治报告；2012年，党的"十八大"报告把生态文明建设放在突出地位，纳入中国特色社会主义事业"五位一体"总布局；2017年，党的"十九大"报告提出"加快生态文明体制改革，建设美丽中国"，再次彰显了生态文明建设的重要意义。建筑节能工作作为生态文明建设的组成部分，其时代意义更加鲜明。推进建筑节能和绿色建筑发展，是加快生态文明建设、走新型城镇化道路的重要体现；是落实国家能源生产和消费革命要求，推动节能减排和应对气候变化的有效手段。

党的"十八大"报告中"大力推进生态文明建设"部分，指出"推动能源生产和消费革命，控制能源消费总量，加强节能降耗，支持节能低碳产业和新能源、可再生能源发展"。为推动能源生产和消费革命，国务院办公厅印发《能源发展战略行动计划（2014～2020年）》，提出2020年一次能源消费总量控制在48亿吨标准煤左右的目标。

要实现能源消费总量控制目标，需要对建筑能耗进行控制。在住房和城乡建设部建筑节能与科技司及能源基金会中国可持续发展项目的支持下，住房和城乡建设部标准定额研究所于2013年8月至2014年12月组织开展了建筑能耗总量控制策略研究暨建筑节能顶层设计研究。该研究指出："我国当前面临的能源形势，决定了建筑节能工作不能盲目地以室内舒适度和服务质量为首要目标，而应首先从能源总控的顶层设计出发，明确建筑能耗上限，然后量入为出，通过创新的技术，力争在能耗上限之内营造出最好的室内环境和提供最好的服务。这要求我国的节能标准体系，应逐渐从性能性指标阶段向以整体能耗为约束指标的阶段转变"。

北京市的公共建筑电耗限额管理工作体现了时代意义。北京市的建筑节能工作起步于20世纪80年代初，当时的首要任务是进行供热节能。北京市通过发布和强制实施建筑节能设计标准等措施，不断提高建筑物围护结构保温隔热性能、降低单位建筑面积的耗热量指标，同时对于热源、管网的能效也不断提出更高的指标要求。在不断提升建筑节能设计标准的同时，北京市于 2001 年通过制定地方政府规章《北京市建筑节能管理规定》（市政府 80 号令）将建筑节能工作纳入法制化轨道。随着北京市建筑节能工作的深入开展，上述工作到"十五"末期得到基本落实和完善，实施效果方面位居全国前列。

北京承诺 2020 年左右碳排放总量达峰，实施能源消费总量和强度双控势在必行，建筑节能作为节能减排的重点领域面临严峻挑战。作为第三产业高度发达的国际化大都市，2014 年北京市民用建筑总能耗已经达到 3114 万吨标准煤，占全市能源消费总量的 45.6%。

作为我国首都和国际超大型城市，随着城市建设规模的不断扩大和产业结构调整的逐步深入，北京市建筑领域的高耗能问题日益突出，建筑节能潜力巨大。随着城镇化进程加快和消费结构持续升级，全市能源需求呈现刚性增长，资源环境约束需要日趋强化。

基于此，市住房城乡建设委启动对建筑能耗的第二大领域——公共建筑电耗的管理措施，并建议当时负责公共建筑运行能耗管理的市发展改革委启动公共建筑能耗限额与级差价格管理工作。2008 年，国务院颁布了《民用建筑节能条例》，明确了建设行政主管部门负责民用建筑节能工作。因此，市住房城乡建设委于 2011 年发布的《北京市"十二五"时期民用建筑节能规划》中提出了公共建筑实行能耗限额管理的措施，并明确由市住房城乡建设委牵头，与市发展改革委共同推进此项工作。

1.1　开展限额管理的相关理论基础

建筑能耗限额研究已开展多年，相关的标准也陆续发布。但目前建筑能耗限额研究仍不够成熟，且现有的相关管理尚未转变为基于能耗指标的管理。

由于公共建筑电耗限额管理涉及公共建筑类型、用能边界界定、能耗指标核定等方面的问题，目前基础数据匮乏，相关理论研究尚处于初级探索阶段。因此，除某些地区在小范围内开展了相关研究和试点工作以外，公共建筑电耗限额管理工作在"十一五"期间并未真正落地实施。要进行公共建筑电耗限额管理理论的系统梳理，需从相关基础入手，进行系统分析和溯源。

1.1.1　公共建筑分类

《民用建筑设计通则》[1]GB 50352—2015 将公共建筑定义为"供人们进行各种公共活动的建筑"。由于上述公共建筑定义的范围非常广泛，按照使用功能区分的各类公共建筑差别很大，《公共建筑节能设计标准》[2]DB11/687—2015 将公共建筑分为表 1-2 所列十类：

公共建筑分类　　　　　　　　　　　　　　　　　　　　　　　　　　　表 1-2

序号	类别	示例
1	办公建筑	行政办公楼（公共机构办公楼）、写字楼（商业办公楼）等
2	旅馆建筑	宾馆、度假村、招待所等

续表

序号	类别	示例
3	商场建筑	百货商场、综合商厦、购物中心、超市、菜市场、家居卖场、专业商店、餐饮建筑等
4	文教建筑	大学、中小学、培训学校等
5	医疗建筑	综合医院、专科医院、疗养院、妇幼保健院等
6	观演建筑	剧场、音乐厅、电影院、礼堂等
7	交通建筑	铁路、公路、水路客运站，航空港等
8	体育建筑	体育场、综合体育馆、游泳馆、跳水馆和其他单项体育馆等
9	博览建筑	会展中心、博物馆、展览馆、美术馆、纪念馆、科技馆等
10	其他建筑	计算中心（信息机房）、文化宫、少年宫、宗教建筑等

注：分类依据《公共建筑节能设计标准》DB11/687—2015。

《民用建筑能耗标准》[3]GB/T 51161—2016 给出了办公、旅馆、商场三类建筑的非供暖能耗指标，如图 1-1 所示。该标准采用的分类标准为，首先按照建筑物是否可以通过开启外窗的方式利用自然通风，将建筑物分为可利用自然通风减少空调系统运行时间的 A 类建筑和需常年依靠机械通风和空调系统维持室内温度舒适要求的 B 类建筑。然后，对于 A 类建筑和 B 类建筑分别按照办公、旅馆、商场等三类建筑进行了细分。

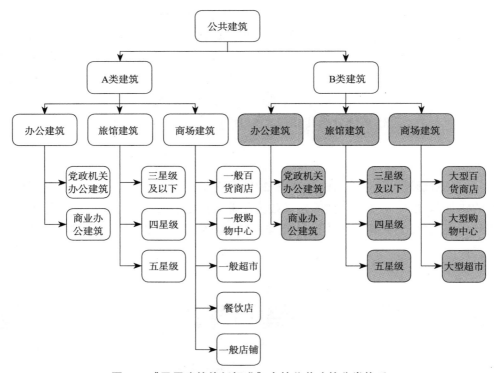

图 1-1 《民用建筑能耗标准》中的公共建筑分类体系

对比表 1-2 和图 1-1 可以看出，《公共建筑节能设计标准》中公共建筑类别较齐全，共分为十类，且将前九类不能涵盖的公共建筑单独列为其他建筑一类，该分类基本覆盖了各类常见公共建筑。《民用建筑能耗标准》目前仅针对办公、旅馆、商场三类建筑给出了能耗指标，并且对于这三类建筑又进行了二次分类。可以看出，相对于办公建筑和旅馆建筑，图 1-2 中商场建筑的分类较为复杂，且 A 类建筑和 B 类建筑中商场建筑二次分类不同。其主要原因在于商业活动的迅猛发展使商业形态之间的融合度越来越高，界线往往不清晰，为此该标准根据国家标准《零售业态分类》GB/T 18106—2004 对商场建筑进行了分类。同时，考虑到商场建筑包含的种类很多，《民用建筑能耗标准》很难一次到位将所有商场建筑包含在内，而是根据能耗统计和能源审计工作的开展情况，主要针对百货商店、购物中心、超市、餐饮店和一般商铺等五大类商场制定了能耗指标。

1.1.2　建筑能耗定义

建筑能耗的定义及表述方法对于公共建筑电耗限额管理至关重要。由于建筑能耗的相关概念众多，且存在诸多易混淆之处，本节依据相关国家标准、行业标准对建筑能耗定义及表述方法进行梳理和界定。

1.《民用建筑能耗分类及表示方法》GB/T 34913—2017 和《建筑能耗数据分类及表示方法》JG/T 358—2012[4]

该标准规定了建筑能耗的术语和定义、建筑能耗按用途分类、建筑能耗按用能边界分类和建筑能耗表示方法。

该标准将建筑能耗定义为"建筑使用中的运行能耗，包括维持建筑环境（如供暖、通风、空调和照明等）和各类建筑内活动（如办公、炊事等）的能耗。"

2.《民用建筑能耗标准》GB/T 51161—2016

该标准将建筑能耗定义为"建筑使用过程中由外部输入的能源，包括维持建筑环境的用能（如供暖、制冷、通风、空调和照明等）和各类建筑内活动（如办公、家电、电梯、生活热水等）的用能"。

该标准还给出了建筑能耗实测值的定义，即建筑能耗实测值应包括建筑中使用的由建筑外部提供的全部电力、燃气和其他化石能源，以及由集中供热、集中供冷系统向建筑提供的热量和冷量。并应符合下列规定：

（1）通过建筑的配电系统向各类电动交通工具提供的电力，应从建筑实测能耗中扣除；

（2）应市政部门要求，用于建筑外景照明的用电，应从建筑实测能耗中扣除；

（3）安装在建筑上的太阳能光电、光热装置和风电装置向建筑提供的能源不计入建筑实测能耗中。

上述建筑能耗实测值的定义对非建筑用能进行了剔除，使得建筑能耗实测值更为准确。但从数据可获得性角度看，从能源公司外购的能源，可从能源供应公司计量结算点处直接获得准确的消耗量数据，可避免人为操纵数据的可能。而对于建筑能耗实测值中所剔除的各类能耗，其计量需依赖用户内部计量表计，其数据获取程度及可靠性都存在一定问题。因此，从政府管理角度出发，大规模推行公共建筑能耗限额管理时，宜以能源供应公司的计量结算数据为准。

1.1.3　建筑能耗指标

《民用建筑能耗标准》GB/T 51161—2016以实际的建筑能耗数据为基础，制定符合我国当前国情的建筑能耗指标，强化对建筑终端用能强度的控制与引导。该标准指出："当实行建筑用能限额管理或建筑碳交易时，本标准给出的约束值可以作为用能限额及排碳数量的基准线参考值"。

该标准包括居住建筑和公共建筑能耗指标，对于不同气候区分别按照供暖能耗和非供暖能耗（以电耗为主能耗）设定指标。具体指标设定如图1-2所示。

1. 供暖能耗指标

严寒寒冷地区，冬季供暖以大规模集中供热方式为主，供热系统由各类不同的供热企业负责运行。而供暖能耗的高低既与建筑本体的节能水平有关，更与供热热源与管网的系统形式、供热企业的运行管理水平有关。并且，实际的供暖能耗数据大多掌握在各个供热企业中，大多数末端用户无法获取其供暖能耗[5]。鉴于这一现实，对集中供热区的建筑，需要把供暖能耗分开单独考核与管理，该标准中的建筑供暖能耗主要侧重于城镇供热系统能耗考核和管理。

2. 非供暖能耗指标

针对公共建筑非供暖能耗，考虑到公共建筑类型较多，不同使用功能的公共建筑能源消耗水平差异较大，该标准按照公共建筑类型设置了能耗指标。

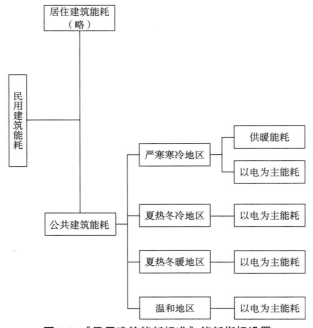

图1-2 《民用建筑能耗标准》能耗指标设置

1.1.4　能耗限额与能耗定额

定额，是指在一定生产技术条件下，生产单位合格产品所消耗的人力、物力和财力资源的数量标准。提出定额概念是由于总量有限，对单位产品或单位工作中用量的消耗做出规定，某种意义上来说，是一种资源在社会的再分配。定额在工业领域应用广泛，是在合理的劳动组织和合理地使用材料和机械的条件下，预先规定完成单位合格产品的消耗的资源数量之标准，它反映一定时期的社会生产力水平的高低。

限额与定额含义较为接近，一般认为，定额具有法令性，只要在执行范围以内，任何单位都必须严格执行，不得任意变更定额的内容和水平。而限额比定额宽松，不具有法令性，只是超出限额的话限期整改，逾期不整改或者经限期整改后仍没有达到要求的由节能主管部门提出意见报请同级人民政府按规定责令停业整顿或者关闭，因此"限额"的概念更适合当前建筑节能发展的需要。

从控制能源消耗角度，提出建筑能耗限额的概念，其含义是在限额期（通常一年）内，建筑实现使用功能所允许消耗的建筑能源数量的上限值，强调一种总量的控制。建筑能耗限额的实质是基于一定目标表征建筑用能水平的基准线。

《中华人民共和国节约能源法》、《公共机构节能条例》、《民用建筑节能条例》以及住房和城乡建设部《"十二五"建筑节能专项规划》中相关条文表明能耗定额与能耗限额2个术语都是节能管理指标，只是表述不同。习惯上定额以行政主管部门标准发布形式下发，限额一般以规范性文件形式下达。目前，北京市主管部门在涉及建筑能耗指标的管理上一般采用限额进行描述。因此如无特殊说明，本书主要采用限额的表述。

1.2　开展限额管理的必要性

开展限额管理具有重要的现实意义和深远的历史意义，具体体现在如下方面：

（1）开展建筑能耗限额管理是国家及北京市相关法规明确提出的要求

《民用建筑节能条例》规定："县级以上地方人民政府应当确定公共建筑重点用电单位及年度用电限额"。《北京市实施〈中华人民共和国节约能源法〉办法》规定"本市实行有利于节能和开发利用可再生能源的价格政策，逐步建立和完善能耗超限额加价制度和能源阶梯价格制度，引导用能单位和个人节能。"

（2）开展建筑能耗限额管理是落实北京市"十二五"专项规划任务的有效途径

《北京市"十二五"时期民用建筑节能规划》在"十二五"时期的发展主要目标中规定："到2015年，全市城镇集中供热建筑单位建筑面积采暖能耗和公共建筑单位建筑面积电耗比2009年降低12%"。在"保障措施"一章中规定："加快制订公共建筑能耗定额，实行能耗超定额加价或级差电价，促进建筑物使用人行为节能，释放对节能建筑、高效用能设备、可再生能源建筑应用技术、节能运行智能化技术以及节能服务的市场需求"。

（3）开展建筑能耗限额管理是北京市应对紧迫的节能形势的重要选择

北京市建筑节能工作经过30多年的发展，已经取得了巨大的成就。但是，随着首都城市建设的发展、城市功能定位的转变和人民生活水平的提高，公共建筑面积总量持续增长，公共建筑能耗总量逐年加大。据测算，2014年北京市城镇公共建筑除供暖外能耗约为1398万吨标准煤，占社会总能耗的18.6%，预计到2020年，北京市城镇公共建筑面积将达到4亿 m^2，在城镇民用建筑中占比将上升到40%，公共建筑节能工作的迫切性将日益凸显[6]。而截至2016年，北京市仍有1.7亿平方米存量的非节能公共建筑尚未进行节能改造，占全市城镇公共建筑总面积的53%。仅公共建筑电耗一项就占全社会终端能耗的约13%[7]，公共建筑已经成为北京市能源消耗的大户，节能潜力巨大。建筑能耗限额管理是北京市控制建筑能耗增长的重要手段。

（4）开展建筑能耗限额管理是能源消费总量控制和碳排放控制的要求

《国务院关于印发能源发展"十二五"规划的通知》（国发〔2013〕2号）确定了"十二五"能源消费总量控制目标是实施能源消费强度和消费总量双控制，鼓励采用技术结合使用模式实现能耗总量的控制，将建筑节能考核方式逐步由技术措施控制转向用能总量的控制，将制定出具体的降耗定量目标，各地方政府也将能耗总量控制纳入政府绩效考核。2016年6月，在第二届中美气候智慧型 / 低碳城市峰会上，北京市承诺2020年碳排放总量达峰，实施能源消费总量和强度双控势在必行。为此，各地方相继开展了建筑能耗限额与基准线相应研究，通过限额工作的开展，促进和带动建筑节能服务产业的发展，从而切实降低建筑能源强度，实现建筑节能减排。

1.3 实施限额管理的可行性

如前所述，公共建筑能耗限额管理被国家政策及住建部"十二五"建筑节能规划列为重点工作，政策支持各地开展公共建筑能耗限额管理的实践和探索。根据住房和城乡建设部标准定额研究所对中国建筑节能发展历程的阶段划分[8]，我国建筑节能工作自1986年原建设部颁布的第一部建筑节能标准《民用建筑节能设计标准（供暖居住建筑部分）》JGJ 26—86以来，先后经历了起步（1986～1995年）、成长（1996～2005年）、飞跃（2006～2015年）三个阶段，公共建筑能耗限额管理工作起步于建筑节能工作的飞跃阶段，相关政府部门在建筑节能管理方面积累了丰富的管理经验。

"十一五"期间的建筑节能工作为后期积累了一定的数据基础。在"十一五"期间，全国共完成国家机关办公建筑和大型公共建筑能耗统计33000栋，完成能源审计4850栋，公示了近6000栋建筑的能耗状况，已对1500余栋建筑的能耗进行了动态监测。同时，北京、天津、深圳、江苏、重庆、内蒙古、上海、浙江、贵州等九个省（区、市）已开展能耗动态监测平台建设试点工作，部分省市也出台了试运行的公共建筑用能定额。

其中，北京市在住房和城乡建设部的统一部署下，开展了大型公共建筑节能监管体系的建设，通过能耗统计、能源审计和能耗动态监测平台的建设，初步梳理和收集了大型公共建筑能耗基础数据。

2007 年，北京市组织开展了全市房屋普查工作，在梳理北京市国有土地房屋基本情况的基础上，建设了房屋全生命周期管理平台，将普查数据与测绘、交易、权属、拆迁等业务数据关联和入库管理，建立全市房屋基础数据动态更新机制，实现"以图管房"的管理模式，以房屋图元为核心、楼盘表为载体、房屋编码为惟一标识，对房屋建设从项目前期管理到施工过程管理、交易权属管理、保有期限管理、拆迁灭失管理进行"全生命"过程精细化管理[9]，为城市建设的科学决策奠定基础。关于北京市房屋全生命周期管理平台的详细介绍参见本书第 3 章。

在北京市公共建筑电耗限额管理前期调研工作中，对民用建筑能耗统计报表制度提供的北京市大型公共建筑的能耗数据进行了分析，分析结果表明：除政府办公建筑之外，大型公共建筑能源消耗以电力为主，在除采暖外总能耗量中电耗占了 89.31%；排在第二位的消耗能源为天然气，占除采暖外能耗总量的 10.64%。由于电力有着便于计量的优势，且公共建筑电力供应方北京市电力公司已经建立了完善的电力用户管理平台，具备完整的电力用户结算信息。但现阶段燃气、热力等的数据收集渠道和手段则相对匮乏。因此，北京市现阶段仅具备在公共建筑中实施电耗限额管理的数据基础。

1.4 启动限额管理的经验借鉴

国内外在建筑能耗基准方面进行了大量研究。

美国能源之星能耗基准方法的确定依托美国商业建筑能耗调查数据，通过对建筑能耗影响因子的多次组合和筛选，对建筑能耗数据进行多元线性回归，得出建筑能耗的基准公式，并以此来判断建筑能耗的高低[10, 11]。德国的建筑节能标准 VDI-3807-2-1998 能耗基准方法，是采用制定额定运行时间和额定相关系数（功率系数）的思路，制定额定时间以便在实际节能工作中进行督促管理，使同类型的建筑更具有可比性；通过对能耗定额直接计算获得额定相关系数，方便快捷[12]。但该方法需要有合理的运行参数等作为基础输入数据。

同时，国内众多高校、科研院所也针对公共建筑能耗定额中的用能指标确定方法开展了一系列的尝试与探索。

清华大学提出了大型公共建筑用能定额的实测分析和模拟分析方法[13]。上海市建筑科学研究院对 1000 多栋大型公共建筑进行了能耗调研和数据分析，提出了将能耗限额指标体系分为总量能耗限额指标和分项能耗限额指标思路[14]。深圳市建筑科学研究院明确了编制深圳市民用建筑能耗限额标准的思路[15]。浙江省作为公共建筑能耗定额管理的实践者，对重点用能行业的单位能耗标准执行情况开展专项监察，对超限额标准用能收取加价电费，且高度重视能耗标准在建筑节能监察执法中的作用，突出公共建筑能耗定额标准制定的重点[16]。

周智勇对建筑能耗定额体系进行了研究，认为建筑能耗定额体系由统计定额、技术定额、执行定额和现行定额构成。统计定额是基于统计数据采用统计分析法确定，技术定额是基于标准化场景采用技术分析确定，执行定额是编制者以统计定额和 / 或技术定额为基础经集体决策后确定，执行定额经决策部门核准实施即成为现行定额。上述定额体系如图 1-3 所示。

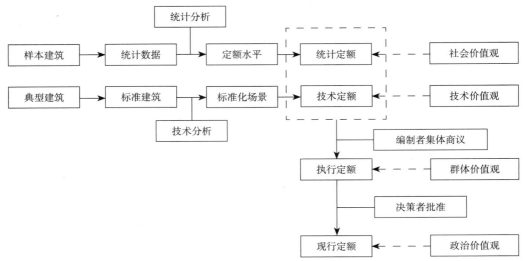

图 1-3　建筑能耗定额体系[17]

　　刘珊等对各地方开展能耗限额探索实践的经验进行了归纳，并将其总结成表 1-3 所示的内容。

各地方出台的建筑能耗限额相关政策[18]　　　　　　　　　　　表 1-3

城市	所属气候分区	用能限制对象	限额方法	发布的标准、指南、文件名称	发布时间
上海	夏热冬冷	办公建筑	按照建筑规模和空调系统形式给出了具体限额值	市级机关办公建筑合理用能指南	2011.6.15
		旅游饭店	按照星级给出了具体限额值	星级饭店建筑合理用能指南	2011.12.15
		商场	按照不同的类型给出了具体限额值	大型商业建筑合理用能指南	2011.12.31
南京	夏热冬冷	商场、超市、行政机关、宾馆饭店、普通高等院校	宾馆按星级，学校按学生规模、其他按不同限额指标给出具体限额值	南京市主要耗能产品和设备能耗限额和准入指标（2012 年版）	2012.9.13
深圳	夏热冬暖	办公建筑	按照政府办公和商业办公建筑分别给出了具体限额值	深圳市办公建筑能耗限额标准（试行）	2013.1.20
		旅游饭店	按照星级给出了具体限额值	深圳市旅游饭店建筑能耗限额标准（试行）	2013.1.20
		商场	按照不同类型给出了具体限额值	深圳市商场建筑能耗限额标准（试行）	2013.1.20

续表

城市	所属气候分区	用能限制对象	限额方法	发布的标准、指南、文件名称	发布时间
北京	寒冷	单体建筑面积在3000平方米以上（含）且公共建筑面积占该单体建筑总面积50%以上（含）的公共建筑	年度电耗限额指标=前5年用电量均值×(1–降低率)（运行未满5年按已有年度计算），2014年和2015年基础降低率分别为6%和12%，能耗最低前5%的降低率为0，能耗最高前5%降低率为基础降低率乘以1.2系数，其他为基础降低率	关于印发北京市公共建筑能耗限额和级差价格工作方案（试行）的通知（京政办函〔2013〕43号）	2013.5.28
广东	夏热冬暖	年综合能耗超过500吨标煤的宾馆和商场	旅馆饭店按照星级、商场按照普通商场和家具建材商场分别给出了具体限额值	广东省宾馆和商场能耗限额（试行）	2013.12.13

通过以上对国内外的建筑能耗限额（能耗指标）确定方法及相关政策的梳理，可以归纳出公共建筑能耗限额管理宜遵循的基本原则：

（1）在建筑类型覆盖范围上不追求大而全，先从使用功能相对单一的办公建筑、商场建筑、宾馆饭店建筑入手；

（2）在能耗限额指标设定上仅针对建筑总能耗设定限额指标，不对分系统设定能耗限额指标；

（3）在能耗限额制定方法上选用成熟且易操作的统计分析方法。

1.5 开展限额管理的问题与挑战

实施公共建筑能耗限额管理面对的问题与挑战众多，以下将从政策法规、体制机制、限额管理对象、技术支撑等多方面展开介绍。

1.5.1 政策法规需健全

2008年发布的《民用建筑节能条例》中规定"县级以上地方人民政府节能工作主管部门应当会同同级建设主管部门确定本行政区域内公共建筑重点用电单位及其年度用电限额。"

上述规定在实施范围上仅适用于公共建筑重点用电单位，在能源品种上仅包括电力。随着"十一五"期间国家相关政策的相继出台，公共建筑实施能耗限额管理被提上了议事日程，在地方层面亟需通过相关地方政策法规的制订和修订，将公共建筑能耗限额管理纳入法制轨道。

在北京市开展公共建筑电耗限额管理实践与探索的初期，建筑节能领域依据的地方政府规章是2001年发布施行的《北京市建筑节能管理规定》（市政府第80号令）。该规章并不涉及建筑运行环节的节能工作，需要进行修订。例如将建筑节能工作延展到运行环节，并明确建筑运行环节，产权人、使用人、运行管理单位各方的节能责任等，为实施公共建筑能耗限额管理提供法规保障。

为此，北京市组织的《北京市建筑节能管理规定》（市政府令第80号）修订立法调研与公共建筑能耗限额管理前期调研同步开展，并于2014年发布了新修订的《北京市民用建筑节能管理办法》（市政府令第256号）。本书第2章"公共建筑电耗限额管理的实践足迹"在"限额管理工作的依法推进"一节中对此进行了较详细的介绍。

1.5.2 体制机制待完善

1. 节能管理体制机制待完善

建筑节能管理方面体制机制尚不完善。对于公共建筑，特别是大型公共建筑，涉及的管理机构繁多，管理体制复杂，仅就节能工作而言，从建筑节能管理、公共机构节能管理到重点用能单位节能管理等，不同政府部门从不同管理口径均对其提出了管理要求。此外，北京市实施的碳排放交易管理也纳入了数量众多的公共建筑。

公共建筑作为民用建筑的组成部分，首先受《民用建筑节能条例》、《北京市民用建筑节能管理办法》等法规的约束。《民用建筑节能条例》和《北京市民用建筑节能管理办法》均明确地方建设行政主管部门是建筑节能工作的主管部门，这也是北京市实施公共建筑电耗限额管理的法规依据。

北京作为首都，中央和北京市各级公共机构所属公共建筑在北京市公共建筑总量中占据了相当的比例，按照《公共机构节能条例》，上述公共机构节能工作应由机关事务管理部门负责，具体到中央层面为国家机关事务管理局，北京市层面则为北京市发展和改革委员会。

根据《中华人民共和国节约能源法》、《北京市实施〈中华人民共和国节约能源法〉办法》等有关规定，北京市发展和改革委员会对重点用能单位实施节能管理。按照《中华人民共和国节约能源法》，年综合能源消费总量1万吨标准煤以上的用能单位为重点用能单位。此外，北京市发展改革委将年度综合能源消费量5000吨（含）至1万吨（不含）标准煤的用能单位也纳入重点用能单位管理。根据北京市发展和改革委员会公布的2016年度综合能源消费量5000吨（含）至1万吨（不含）标准煤的用能单位名单[19]，273家单位中包含了众多大学、大型医院、大型宾馆饭店等公共建筑在内。

2. 数据共享困难、数据孤岛现象普遍存在

北京市住房和城乡建设委员会、北京市发展和改革委员会分别针对大型公共建筑、公共机构和重点用能单位等开展了能耗监测工作，但各部门独立建设的能耗监测信息系统数据未能实现共享利用。

市住建委在全市房屋普查基础上建立了房屋全生命周期管理平台，涵盖全市国有土地上全部建筑信息，市电力公司电力结算数据涵盖全市所有公共建筑用电数据，但二者数据未能实现关联，导致建筑与用电数据对应关系无法直接建立。为此市住建委组织开展了大规模的信息采集工作，通过现场核查建立建筑与电力结算电表的对应关系，这成为北京市实施电耗限额管理工作的重要基础工作。本书第3章"公共建筑电耗限额管理的技术支撑"对此进行了详细介绍。

1.5.3　管理对象待激励

在公共建筑能耗限额管理对象方面，由于普遍存在所有权人、使用人、运行管理单位相互分离等现象，使节能激励机制在一定程度上失灵，限额管理对象的节能动力不足。

公共建筑能耗限额管理涉及的主体包括建筑所有权人（业主）、使用人（业主或租户）、运行管理单位（物业公司）、能源供应单位。某些情况下，同一公共建筑的所有权人数量众多，如分割出售产权的商业项目。部分公共建筑的运行管理人除物业公司以外，还有能源服务管理公司。此外，公共建筑各主体之间的关系也更为复杂。通常情况下公共建筑所有权人与运行管理单位是不同机构。公共建筑各主体之间可能存在物业管理服务合同、能源管理服务合同、租赁合同、供热（制冷）服务合同等。

公共建筑按其性质可分为公共机构所属公共建筑和商业公共建筑两类，公共机构所属公共建筑所有权人通常为各级国家机关事务管理部门。所有权人、使用人、运行管理单位相互分离的现象在商业公共建筑中尤为明显，使其利益关注点不同，节能改造动力不足：

（1）出租类公共建筑运行管理单位与使用人利益关注点不同

对于出租类公共建筑，运行管理单位只承担公共区域的能源费用，因而对于公共区域的节能工作通常配合较为积极；而出租区域的能源费用一般由租户承担，运行管理单位单方面无权干预租户用能行为，配合的相关工作较少。影响公共建筑整体节能工作效果。

（2）所有权人实施节能改造动力不足

对于经营状况较好的所有权人，节能改造的收益相对较小，且所有权人担心实施节能改造会对其正常经营造成一定影响，带来经济损失，因而主观上不愿意实施节能改造。

1.5.4　技术支撑需加强

合理确定公共建筑能耗限额是实施公共建筑能耗限额管理制度的关键。为合理确定公共建筑能耗限额，需从基础数据获取方法、能耗限额指标制定方法等方面强化技术支撑。在公共建筑能耗限额的实施过程中，则需要从限额管理对象及时获得信息的反馈，并在特殊情况下对能耗限额指标做出合理调整。此外，公共建筑能耗限额指标需要同国家能耗总量控制目标衔接。

为确保基础数据质量，需要从数据源的选取和数据采集方法等入手规范数据采集过程；针对数据溯源问题、能源计量问题、能源统计问题等提出可行的解决方案。并在统筹多信息源数据的基础上，建构北京市公共建筑能耗限额管理信息系统，为公共建筑电耗限额管理提供支撑平台和信息反馈渠道。

通过公共建筑能耗限额管理信息系统，实现多平台数据的融合，并开发相应的数据清理和挖掘方法，对电耗特征进行剖析，从而制定合理的限额指标。

　　最后，通过对公共建筑电耗限额管理信息系统样本数据的深入分析，为分类限额值的制定探索思路和方向。

　　以上相关技术与方法都需要进行深入研究。具体内容可参见本书第 3 章"公共建筑电耗限额管理的技术支撑"。

第2章 公共建筑电耗限额管理的实践足迹

北京市在全国率先开展公共建筑能耗限额管理。2013年,市政府办公厅印发了《北京市公共建筑能耗限额和级差价格工作方案(试行)》(京政办函〔2013〕43号),明确以计量基础较好的电耗限额管理为切入点,条件成熟后推广到综合能耗限额管理,为开展公共建筑电耗限额管理制定了路线图。2014年,《北京市民用建筑节能管理办法》(市政府令第256号)和《北京市公共建筑电耗限额管理暂行办法》(京建法〔2014〕17号)的发布,标志着北京市公共建筑电耗限额管理工作纳入法制轨道。

公共建筑电耗限额管理作为公共建筑节能运行管理机制的创新,离不开建筑节能体制机制,特别是法规体系建设方面的支撑与保障。同时,公共建筑电耗限额管理又是一项系统工程,在推行过程中需要政府发挥主导作用,并建立协调不同行为体的协同工作机制。其中,政府发挥主导作用的关键在于政府能够集中、整合不同资源并通过政策、法规、宣传等手段,为实施公共建筑能耗限额管理创建必要的条件。而在具体实施过程中,则需要技术支撑单位、研究机构的支持以及公共建筑产权单位、运行管理单位、使用单位的配合。

本章从工作方案、法制保障、实践实录三个方面对北京市公共建筑电耗限额管理走过的实践足迹进行记述。公共建筑电耗限额工作从2013年至2016年,各年度工作主线如表2-1和图2-1所示:

公共建筑电耗限额管理工作分年度工作主线　　　　　　　　　　　　　表2-1

年度	年度工作主线
2013	以《北京市公共建筑能耗限额和级差价格工作方案》发布为标志,从电耗限额管理为切入点,启动公共建筑能耗限额管理工作
2014	以公共建筑电耗限额管理纳入年度市政府工作报告和折子工程以及《北京市民用建筑节能管理办法》(市政府令第256号)和《公共建筑电耗限额管理暂行办法》(京建法〔2014〕17号)发布为契机,大力推动公共建筑电耗限额管理并将公共建筑电耗限额管理纳入法制化轨道
2015	继续落实市政府2014年折子工程,常态化、制度化推进公共建筑电耗限额管理工作
2016	公共建筑电耗限额管理再度纳入年度市政府工作报告,公共建筑电耗限额管理工作组织保障、政策保障、节能监察、宣传培训等各项保障措施得到持续完善和提升

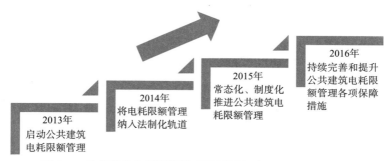

图 2-1　公共建筑电耗限额管理发展历程（2013 ~ 2016 年）

2.1　实施限额管理的"北京方案"

在"十二五"时期城市转型升级趋势下，建筑节能重要性更加凸显。在此背景下，北京市住房和城乡建设委员会主动作为，勇于破解公共建筑节能运行监管工作难题，创新监管手段，开展了搭建公共建筑电耗限额管理体系的实践与探索，对公共建筑电耗限额管理对象进行基础信息采集核查，按年度下达电耗限额指标并进行考核，通过对超限额 20% 以上公共建筑实施强制能源审计，实现公共建筑节能运行"全面体检"，帮助公共建筑产权单位、运行管理单位、使用单位查找用能系统和运行管理上的缺陷，提升公共建筑节能运行整体水平。在实践探索中，北京市住房和城乡建设委员会坚持服务与管理并重，加强数据共享与业务协同，扎实推进公共建筑电耗限额管理工作，先后对 10000 余栋公共建筑开展电耗限额管理，为公共建筑电耗实现"瘦身健体"注入了强大的节能"基因"。

"十一五"期间，北京市公共建筑单位面积电耗相对于"十五"上升了 37%，但当时缺乏公共建筑节约用电方面的奖励政策或奖惩手段。而《北京市"十二五"时期节能降耗及应对气候变化规划》中对全市公共建筑单位面积电耗提出了降低 10% 的约束性指标。

为保证全市公共建筑节能目标的实现，2011 年 5 月 6 日，北京市住房和城乡建设委员会通过公开招标启动《北京市公共建筑能耗定额、级差价格与实施体制机制研究》工作，入围的三家单位是北京建筑技术发展有限责任公司、北京市房地产科学技术研究所（现北京市住房和城乡建设科学技术研究所）和北京节能环保中心，并组成课题组开展相关研究。

课题组对北京市公共建筑实施能耗限额管理的数据基础、计量条件、实施对象、限额测算原则与方法等进行了系统研究，提出了相应的方法和对策。并以此为基础，制订了《北京市公共建筑能耗限额和级差价格工作方案》。

在 2011 年课题调研基础上，北京市住房和城乡建设委员会于 2012 年多次对公共建筑电耗限额管理工作方案进行研讨，并在征求相关政府部门和单位意见的基础上，形成了报审稿并报市政府审议。

2013 年 3 月 26 日，该方案通过了市政府专题会议审议。

2013 年 5 月 28 日，北京市人民政府办公厅印发了《北京市公共建筑能耗限额和级差价格工作方案（试行）》（京政办函〔2013〕43 号）（以下简称《工作方案》）。

《工作方案》对北京市实施公共建筑能耗限额和级差价格制度进行了全面的部署，充分考虑了北京市的实际情况并体现了北京特色，可视为公共建筑能耗限额管理的"北京方案"。

"北京方案"的特色主要体现在以下几方面：

（1）电耗限额管理的实施范围。要求覆盖全面、覆盖率高，实施电耗限额管理的公共建筑覆盖面占全市公共建筑的建筑面积 70% 以上。

（2）限额指标制定方法。限额指标制订既同《北京市"十二五"民用建筑节能规划》中公共建筑节能目标衔接一致，又采用自身衡量法以保证限额指标的可实现性。

（3）电耗限额管理基础数据来源。实行不同管理功能的信息平台数据资源共享整合，根据管理对象的实际情况变化进行动态采集调整，建立市住建委房屋全生命周期管理平台房屋基础数据与北京市电力公司电力结算数据的数据共享机制。

（4）电耗限额执行情况考核办法。以自身衡量法设定的限额指标为依据，对新投入运营等非正常使用建筑则参照《民用建筑能耗标准》中同类建筑能耗指标进行衡量。

（5）超限额用电的执法管理。依据《北京市民用建筑节能管理办法》中相关规定，依托市住房城乡建设执法大队开展责令能源审计的工作。

2.1.1　主要目标、工作原则和实施范围

1. 主要目标

公共建筑能耗限额管理的主要目标是实现公共建筑的节能，降低公共建筑的实际运行能耗。为实现这一目标，"北京方案"确立了以节能目标考核和价格杠杆调节为手段，在公共建筑中实行能耗限额和级差价格制度，促使公共建筑采取包括行为节能、管理节能、节能改造在内的各项节能措施，从而降低能耗的管理思路。"北京方案"的公共建筑能耗限额管理体系以信息化平台为支撑，以节能目标考核、能耗公示、级差价格等为核心，其示意图如图 2-2 所示。

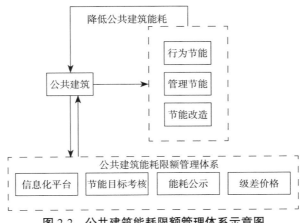

图 2-2　公共建筑能耗限额管理体系示意图

此外，《工作方案》还对三年内的具体工作目标进行了部署：

（1）2014 年将全市 70% 以上面积的公共建筑纳入电耗限额管理，条件成熟后逐步扩展到综合能耗（含电、热、燃气等）限额管理；

（2）2015 年力争实现公共建筑单位建筑面积电耗与 2010 年相比下降 10%。

可以看出，《工作方案》对电耗限额管理覆盖的范围、电耗限额管理的预期成效都做出了明确规定；其中，2015 年公共建筑单位建筑面积电耗与 2010 年相比下降 10% 的目标同《北京市"十二五"时期节能降耗及应对气候变化规划》（京政发〔2011〕42 号）附件"'十二五'时期重点行业领域节能目标分解方案"（表 2-2）中的要求相一致。

北京市"十二五"时期重点行业领域节能目标分解方案　　　　　表 2-2

序号	行业名称	指标名称	单位	目标值	指标性质	牵头责任部门	备注
1	农、林、牧、渔业	单位增加值能耗下降率	%	8	约束性	市农委	
		"十二五"末能源消费总量	万吨标准煤	125	指导性		
2	工业	单位增加值能耗下降率	%	22	约束性	市经济信息化委	
		"十二五"末能源消费总量	万吨标准煤	2800	指导性		
3	信息传输、计算机服务和软件业	单位增加值能耗下降率	%	10	约束性		
		"十二五"末能源消费总量	万吨标准煤	210	指导性		
4	建筑业	单位增加值能耗下降率	%	10	约束性	市住房城乡建设委	
		"十二五"末能源消费总量	万吨标准煤	230	指导性		
5	民用建筑	公共建筑单位面积电耗下降率	%	10	约束性		
		建筑节能量	万吨标准煤	620	预期性		
6	房地产业	单位增加值能耗下降率	%	15	约束性		
		"十二五"末能源消费总量	万吨标准煤	410	指导性		
7	交通运输、仓储和邮政业	单位增加值能耗下降率	%	10	约束性	市交通委	
		"十二五"末能源消费总量	万吨标准煤	1600	指导性		
		客运车辆单位运输周转量能耗下降率	%	6	约束性		
		货运车辆单位运输周转量能耗下降率	%	12	约束性		

续表

序号	行业名称	指标名称	单位	目标值	指标性质	牵头责任部门	备注
8	批发与零售	单位增加值能耗下降率	%	18	约束性	市商务委	
		"十二五"末能源消费总量	万吨标准煤	320	指导性		
9	租赁和商务服务业	单位增加值能耗下降率	%	18	约束性	市商务委	
		"十二五"末能源消费总量	万吨标准煤	370	指导性		
10	住宿和餐饮业	单位增加值能耗下降率	%	18	约束性	市旅游委、市商务委	
		"十二五"末能源消费总量	万吨标准煤	270	指导性		
11	金融业	单位增加值能耗下降率	%	10	约束性	市金融局	
		"十二五"末能源消费总量	万吨标准煤	70	指导性		
12	公共机构	单位建筑面积能耗下降率	%	12	约束性	市发展改革委、市政府办公厅	根据国管局指标确定
		"十二五"末能源消费总量	万吨标准煤	200	指导性		不包括中央管理公共机构（下同）
	其中：教育	生均能耗下降率	%	17	约束性	市教委	
		"十二五"末能源消费总量	万吨标准煤	65	指导性		
	卫生	单位建筑面积能耗下降率	%	8	约束性	市卫生局	
		"十二五"末能源消费总量	万吨标准煤	33	指导性		
	其他公共机构	单位建筑面积能耗下降率	%	12	约束性	市科委、市民政局、市文化局、市体育局、市文物局等相关行业主管部门	根据国管局指标确定
		"十二五"末能源消费总量	万吨标准煤	102	指导性		
13	供热	单位建筑面积采暖能耗下降率	%	12	约束性	市市政市容委	
14	供电	节电量大于上一年度全社会售电量的比重	%	0.3	约束性	北京市电力公司	根据《电力需求侧管理办法》确定
		节电力大于上一年度全社会最大负荷的比重	%	0.3	指导性		

2. 工作原则

《工作方案》确定了实施公共建筑能耗限额管理的如下工作原则：

坚持节能优先、兼顾公平的原则。实施能耗限额管理的目的是为了促进公共建筑节能；制定限额指标要坚持节能优先、兼顾公平，确保实现全市节能目标。

坚持市级统筹、属地负责的原则。根据《北京市"十二五"时期民用建筑节能规划》的要求，建筑节能工作实行属地负责。公共建筑单位建筑面积电耗降低率作为任务指标下达给各区，纳入市政府对各区的节能减排考核指标体系。北京市公共建筑能耗限额管理工作采用市区二级行政管理体制，市住建委主要负责制度设计、平台建设、监督检查、限额调整、协调各相关部门工作和对各区进行业务指导。各区政府作为公共建筑能耗限额管理的责任主体对辖区内公共建筑能耗限额管理工作全面负责、落实责任、综合协调、督促实施，完成市住建委下达的年度任务。

坚持统筹规划、分步实施的原则。以计量基础较好的电耗限额管理为切入点，条件成熟后逐渐推广到综合能耗限额管理；做好公共建筑能耗统计和公示工作，开展能耗限额管理和节能目标考核。

3. 实施范围

北京市制定公共建筑能耗限额管理工作方案的直接目的之一就是要通过公共建筑能耗限额管理实现北京市"十二五"时期节能规划确定的到2015年全市公共建筑单位建筑面积电耗降低10%的目标。

因此，公共建筑限额管理的实施范围需有一定的覆盖面，不能仅仅针对某几类公共建筑或大型公共建筑。在制定限额管理政策之初，北京市确定了一个基本原则，即无论采用何种方法确定限额管理的实施范围，都要确保将全市70%以上面积的公共建筑纳入电耗限额管理。

对限额管理实施对象的确定有两种方法，一种是仅选择重点用能单位作为实施对象，另一种是根据建筑面积划线，将一定建筑面积以上的公共建筑纳入实施对象范围。

按照《中华人民共和国节约能源法》的规定，年综合能源消费总量一万吨标准煤以上的用能单位或国务院有关部门或省级节能主管部门指定的年综合能源消费总量五千吨以上不满一万吨标准煤的用能单位均可视作重点用能单位。此种管理方法以法人单位而不是建筑为管理对象，难以适应建筑节能的管理需要。

根据建筑面积划线是一种可行的考量办法，但在具体划定建筑面积标准时，需要考虑以下因素：

（1）建筑面积标准不宜定得过低，由于面积较小的建筑通常能耗总量也相对较低，如果将这部分建筑尽数纳入限额管理，增大管理成本的同时，其节能潜力也有限。

（2）建筑面积标准不能定得过高，否则纳入限额管理的建筑数量过少，难以实现到2015年全市公共建筑单位建筑面积电耗比2009年降低10%的目标。为此，依托市住建委房屋全生命周期平台数据进行了测算，测算结果表明：纳入限额管理的单体建筑面积下限控制在3000m² 以上，即可确保将全市70%以上面积的公共建筑纳入电耗限额管理范围。

因此，限额管理实施对象的建筑面积标准定为单体建筑面积在 3000m² 以上，考虑到公共建筑存在与居住建筑合建（如底商等）或附建于工业厂房内等情况，北京市公共建筑电耗限额管理的实施对象确定为：单体建筑面积在 3000m² 以上（含）且公共建筑面积占该建筑总面积 50% 以上（含）的民用建筑。

2.1.2　工作实施方案

1. 开展能耗限额管理基础工作

公共建筑能耗限额管理基础工作包括建立并完善公共建筑基本信息库，和加强能耗计量、监测和统计工作两方面内容。

完善的公共建筑基本信息是限额指标制定的数据基础，为此，《工作方案》提出了公共建筑基本信息涵盖的五类信息，如图 2-3 所示。

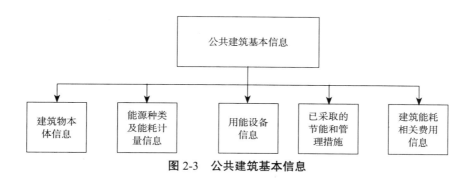

图 2-3　公共建筑基本信息

建筑物本体信息主要包括：建筑编号、所属行政区划、建筑面积、建造年代等，其数据来源为北京市房屋全生命周期管理信息系统。

对公共建筑电耗限额管理来说，能源种类及能耗计量信息主要为电力计量结算信息。通过公共建筑能耗限额管理基础信息采集得到电力用户编号，并建立建筑编号与电力用户编号的对应关系，根据电力用户编号由北京市电力公司提供建筑电耗相关费用信息。

用能设备信息和已采取的节能与管理措施这两类信息涉及的内容较多，采集难度较大，而这两类信息的匮乏一直制约着对公共建筑节能运行水平的分析判断。为解决这一难题，2014 年新修订公布的《北京市民用建筑节能管理办法》（市政府令第 256 号）中第三十二条规定"本市建立公共建筑能源利用状况报告和能源审计制度。大型公共建筑的所有权人应当每年向市住房城乡建设行政主管部门报送年度能源利用状况报告"，以地方政府规章的形式首次设立大型公共建筑能源利用状况报告制度。2016 年市住建委和市发改委联合发布《关于加强我市公共建筑节能管理有关事项的通知》正式对大型公建业主通过北京市公共建筑能耗限额管理信息系统在线填报能源利用状况报告这项工作进行了部署和启动，自此北京市公共建筑电耗限额管理基础信息得到进一步完善。

加强能耗计量、统计及监测对公共建筑电耗限额管理工作起着重要作用，通过开发建设北京市公共建筑能耗限额管理信息系统，实现了北京市电力公司结算电量数据与市住建委房屋全生命周期平台数据的互联互通；北京市电力公司按月提供用户用电信息，市住建委定期将用户用电信息导入到公共建筑能耗限额管理信息系统，为后期的公共建筑电耗数据分析与管理奠定基础。

2. 制定能耗限额指标并开展节能目标考核

公共建筑用电总量不仅仅与建筑用能系统的效率有关，更重要的是与其提供的服务方式，即建筑使用功能有关。从绝对公平的角度来讲，应该根据每栋公共建筑的使用功能和实际状况为其量身定制电耗限额，在充分满足其使用功能的前提下，提高其建筑用能系统的效率。但这种制定电耗限额的方法，其效率显然是最低的，因而在实际操作中，大多采用将功能相近的建筑加以归类，针对每一类建筑制定电耗限额的方法。

上述采用分类制定限额的方法，虽然具有相对公平性，但仍不能满足北京市"十二五"时期控制公共建筑能耗飞速增长的迫切需求。面临的主要问题是：（1）分类不齐全，分类限额方法在短期内难以实现对各类公共建筑的全覆盖。（2）对于综合性建筑，其能耗控制标准制定难度大。综合性建筑由于使用功能的不确定性和差异性，难以制定统一的限额标准。而随着北京市经济社会的发展，大体量城市综合体类公共建筑群不断涌现，且往往是能耗大户，但缺乏限额标准。（3）受目前电力计量条件所限，同一批开发的房地产项目往往存在多个不同类别建筑共用一个配电室，一个电力结算账户的情况，致使限额标准难以应用。（4）公共建筑电耗中通常掺混有比重不同的非建筑用电。

鉴于上述问题以及限额标准制定发布的相对滞后与实施限额管理迫切需求间的矛盾，北京市选择采用自身衡量法制定各公共建筑的电耗限额，即根据公共建筑自身历史用电量制定其电耗限额。采用自身衡量法制定电耗限额相对简便易行，还可避免将使用功能存在差异的建筑放在一起进行比较带来的不公平，这种方法对于不同类别建筑共用一个电力结算账户的情况同样适用。

采用自身衡量法制定的电耗限额，要求各公共建筑年用电量在自身历史电耗的基础上逐年递减，以达到北京市2015年公共建筑电耗降低率目标。上述要求对于用能方式粗放、系统效率低下的公共建筑是适当的，但对于注重节能、能源利用效率已经很高的公共建筑来讲，再强制要求其年用电量逐年递减显然是不合理的。因此，北京市采用自身衡量法制定电耗限额时，对注重节能的公共建筑的电耗降低率做了特别设置，以避免出现"鞭打快牛"现象。

3. 实施超限额用能级差价格制度

北京市发改委于2015年7月发布《关于印发〈北京市完善差别电价政策的实施意见〉的通知》（京发改〔2015〕1359号）（以下简称《实施意见》），该《实施意见》明确了差别电价的含义，即差别电价主要是指按照国家和本市相关政策规定，对限制类、淘汰类装置（含产品、设备、生产线、工艺、产能等，下同）及单位能耗超标的装置或建筑所用电量，根据加价标准，向所属单位征收高于普通电价的电费。此意见的出台，使过去用于工业领域的差别电价政策向建筑领域进行了扩展。

对于实施范围,《实施意见》规定市有关行业主管部门可对建筑能耗超过国家或本市颁布的限额标准的(地方标准严于国家标准时,使用地方标准)建筑纳入差别电价实施范围,将建筑物业主或管理单位列为征收对象。

此外,《实施意见》还规定可根据"(七)其他国家及本市相关文件规定的。"确定差别电价的实施范围。因此,我市可根据目前开展的公共建筑电耗限额管理工作情况,将公共建筑电耗限额管理实施对象纳入差别电价实施范围。

2.2 限额管理工作的依法推进

2.2.1 修订和发布政府规章

"十一五"期间《中华人民共和国节约能源法》的修订,为建筑节能工作的开展提供了法律基础。《民用建筑节能条例》和《公共机构节能条例》的颁布,为节能服务市场的供需双方提供了可认定的节能服务效益与标准。但由于缺乏下位法的支撑,执行上述法规时仍会遇到一些障碍。"十二五"期间,北京市通过对《北京市建筑节能管理规定》的修订,将建筑节能工作范围从建设活动扩展到城乡规划和节能运行,促使建筑节能工作在广度、深度上全面拓展,为实施公共建筑能耗限额管理工作提供了法制的保障。

《北京市民用建筑节能管理办法》(市政府第 256 号令)是 2001 年发布实施的《北京市建筑节能管理规定》的修订更新版。《北京市建筑节能管理规定》(市政府第 80号令,以下简称 80 号令)于 2001 年 7 月 31 日经市政府常务会议通过,8 月 14 日发布,9 月 1 日起施行。80 号令执行十多年来对推进北京市的建筑节能工作,如全面执行新建建筑节能设计标准、既有建筑节能改造、可再生能源建筑应用、推广建筑节能新技术新产品、禁用禁产黏土砖以及建筑照明节能等发挥了重要作用。

以 2007 年全国人大修订《中华人民共和国节约能源法》和国务院发布《民用建筑节能条例》、《公共机构节能条例》为标志,我国建筑节能工作进入新的阶段。一是国家完成了建筑节能方面的立法,建筑节能从此依法推进;二是建筑节能的工作范围从建设活动扩展到城乡规划和节能运行,从建造节能建筑扩展到建筑全寿命期的节能、节地、节水、节材和生态环保,建筑节能在广度、深度上面全面拓展。

国家层面的法律法规规定了建筑节能工作的基本原则,但由于各地区发展的不平衡,相关工作仍在探索中,对一些实施操作层面与新扩展领域的法规要求未作出具体的规定,给地方立法留下了空间和需求。北京市在推进建筑节能与绿色建筑方面的要求和进度比大多数省市超前。同时,遇到的新问题也比其他地区相对提前,因此急需在工作推进的体制机制上根据北京市的实际情况,借鉴国际先进经验进行创新,并出台相应的地方法规以满足深入推进建筑节能工作的需要。

"十一五"期间,北京市万元 GDP 能耗累计下降 26.6%(从 2005 年的 0.79 吨标煤下降到 2010 年的 0.58 吨标准煤),超额完成了国家下达的下降 20% 的目标。工业领域的结构调整对全市节能减排的贡献率为86%，是全市实现节能减排目标的最主要措施（引自《绿色北京发展规划》）。建筑节能的各项措施形成了节约396万吨标准煤的能力，也对全市节能减排作出重要贡献。"十二五"时期，北京市万元GDP能耗降低率的降低目标为17%。北京市的第三产业的比重已经占到75%，通过工业领域结构调整实现节能减排的空间已经收窄。北京市人民政府印发的《北京市"十二五"时期节能降耗与应对气候变化综合性工作方案》（京政办发〔2011〕19号）要求民用建筑节能达到实现620万吨标准煤（占全市节能降耗目标的41%）的预期性指标、公共建筑实现单位建筑面积电耗下降率10%的约束性指标，对建筑节能工作形成了"倒逼"机制。

在此背景下，北京市住房城乡建设委会同有关节能服务机构对推进北京市建筑节能与绿色建筑的地方立法需求及立法重点内容进行了研究，2012年9月，修订《北京市建筑节能管理规定》的建议正式通过北京市政府法制办立项审查，确认纳入2013年立法计划。新修订的《北京市民用建筑节能管理办法》于2014年6月3日市人民政府第43次常务会议审议通过，于2014年8月1日起正式实施。《北京市民用建筑节能管理办法》遵循政府引导、市场调节、社会参与的原则，完善了民用建筑节能责任体系，规范了北京市建筑节能管理工作，并根据不同类别的建筑采取差别化管理措施，从而提高节能管理工作效率，为实现北京市建筑节能目标提供了政策保障。

2.2.2　强化各项工作保障措施

1. 加强组织领导和统筹落实

（1）明确组织管理和职责分工

《北京市公共建筑能耗限额和级差价格工作方案》（京政办函〔2013〕43号）对公共建筑能耗限额工作的组织管理和职责分工进行了明确规定。一方面，要求发挥部门联动机制，市住房城乡建设委、市发展改革委、市财政局、市市政市容委（现市城市管理委）、市质监局、市统计局等部门和市电力、热力、燃气等公司按照职责分工，各司其职。另一方面，要求区政府及其所属部门和街道办事处落实属地责任，统筹协调推进相关工作。此外，还明确提出市、区主管部门可委托专业的节能服务机构作为公共建筑能耗限额管理技术支撑单位。

（2）落实属地责任

在《工作方案》的执行过程中，为加强组织领导和统筹落实，充分发挥北京市建筑节能工作联席会议的统筹协调作用，经市政府同意，每年将包含公共建筑电耗限额管理工作在内的年度建筑节能任务指标以北京市建筑节能工作联席会议办公室名义发至各区人民政府和经济技术开发区管委会。

（3）加强工作协调

公共建筑电耗限额管理工作涉及北京市住建委内多个处室和单位的协调。为此，北京市住建委每年均印发《北京市建筑节能与建筑材料管理工作要点》，将公共建筑电耗限额管理工作纳入委内工作计划，明确责任单位和协办单位。其中，2014年和2016年均纳入委内重点专项工作。

2.加强立法工作和执法监督

（1）加强立法工作

公共建筑电耗限额管理工作的开展需要法制保障，北京市 2014 年修订的《北京市民用建筑节能管理办法》（市政府令第 256 号），将建筑节能从设计建造扩展到节能运行管理等，并增加了相关罚则，加大了建筑节能监管的力度。同时，出台了《北京市公共建筑电耗限额管理暂行办法》（京建法〔2014〕17 号），对公共建筑电耗限额管理实施对象的确定、电耗限额管理基础信息的采集与核查、电耗限额指标的确定、下发与考核等环节进行规范。

（2）强化执法监督

公共建筑电耗限额管理执法机构为北京市建设工程和房屋管理监察执法大队，其职责为：受市住房城乡建设委委托，负责全市建设工程和房屋管理综合执法。针对 2014 年、2015 年连续两年超过年度电耗限额 20% 的公共建筑，按照《关于加强我市公共建筑节能管理有关事项的通知》（京建发〔2016〕279 号）的要求责令其开展能源审计并将审计结果报送市区住建委。为推动审计工作开展，对于超限额 20% 以上的建筑业主责成进行能源审计，采用直接送达的方式发送责成能源审计告知书并由市住建委组织各区建委开会部署此项工作。对拒不签收的建筑业主采用留置送达的方式处理。对到期拒不报送能源审计报告或者报送虚假能源审计报告的业主，将转移至执法大队立案，责令限期改正。对于限期内未整改的建筑业主，将予以行政处罚。具体执法流程如图 2-4 所示。

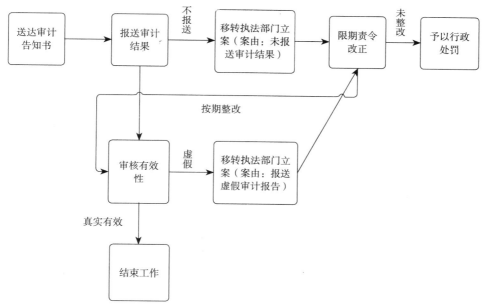

图 2-4　超限额建筑能源审计执法流程图

3.加强教育培训和宣传引导

公共建筑能耗限额管理是公共建筑节能运行管理机制创新，为使该项工作真正得到落实并取得成效，需要在广泛宣传引导的基础上有针对性的加强教育培训。

北京市从公共建筑能耗限额管理政策出台时就非常重视加强相关宣传引导和培训教育工作。针对公共建筑能耗限额管理基础信息采集工作，专门编制了信息采集说明并深入各区、街乡镇和社区开展信息采集培训，在《北京市公共建筑能耗限额管理和级差价格工作方案（试行）》、《北京市民用建筑节能管理办法》、《北京市公共建筑电耗限额管理暂行办法》等政策法规相继出台后，即联合各区住建委开展对相关政策法规和节能运行与管理的系统培训。

在宣传方面，通过报纸、电视、网络、展会等多种媒介，广泛宣传公共建筑能耗限额管理工作（图2-5）。2014年，配合信息采集工作推进，拍摄了《打赢公建能耗攻坚战》专题宣传片，2016年，配合公共建筑能耗限额考核结果的发布，拍摄了专题宣传片和微视频，并在微信公众号"安居北京"上开设公共建筑能耗限额管理专栏，实现限额信息的查询。此外，每年年中结合考核结果的发布，召开新闻座谈会；每年年底定期在《北京日报》专版宣传公共建筑能耗限额管理工作年度成效。

图2-5　2014年～2016年《北京日报》公共建筑电耗限额管理宣传专版

2.2.3　制定电耗限额管理暂行办法

《北京市公共建筑能耗限额管理和级差价格工作方案（试行）》（京政办函〔2013〕43号）明确了公共建筑电耗限额管理工作的主要任务与基本原则，包括完善公共建筑基本信息库、与北京电力公司的计量结算数据库信息共享、根据公共建筑的历史用电量和本市节能目标测算与下达年度用电量限值、电耗限额的实施结果进行考核和公示、向国家主管部门申请开展实施公共建筑超限额用能级差电价制度试点等，以及政府主管部门与企事业单位在实施公共建筑能耗限额管理工作中的职责。

对公共建筑的电耗限额是一项新的管理制度，之前没有实施的经验，而且公共建筑的业主情况、电力计量结算情况非常复杂，许多具体问题在《工作方案》中没有具体规定，例如：建筑节能工作要求以单体建筑为单位下达年度电耗限额并进行考核，以便于分析建筑物的容积率、体型系数、朝向、窗墙比、围护结构的传热系数等指标对采暖、制冷、通风、采光能耗的影响，并采取相应的节能技术措施。然而，北京市电力供应部门的计量结算单位是"电力用户"，包括恰为 1 栋单体建筑 1 个产权单位的电力用户，包括多栋建筑 1 个产权单位的电力用户，也包括多栋建筑多个产权单位的电力用户，还包括 1 栋单体建筑多个产权单位的电力用户。如何将市住房城乡建设委以单体建筑为基础的建筑信息平台和北京电力公司以电力用户为基础的电耗计量结算信息库进行数据融合以及互联互通，基本实现以单体建筑为对象的电耗历史数据汇集、年度电耗限额下达与考核，需要找到解决办法并形成管理办法发布实施。再如，在实行以历史平均耗电量为基础，按全市统一的年度电耗降低率制定限额时会遇到某些特殊情况，有的建筑物采取了节能改造措施后实际电耗在全市同类建筑中处于较低水平，若采取同样的电耗限额标准则会出现"鞭打快牛"现象；而有些建筑物因增加了建筑面积或调整了使用功能，增加了能耗。这就要求制订电耗限额标准时能兼顾建筑特殊情况并有合理的调整方案。再有，各建筑的产权单位、运行管理单位和市、区管理部门应能够通过信息平台及时掌握建筑物的实际电耗水平，以及与电耗限额值、历史电耗平均水平、同类建筑电耗平均水平的对比情况。对存在问题的建筑，市住房城乡建设委的建筑信息平台应当提出警示，产权单位（或运行管理单位）应当采取专家诊断等方式确定并采取改进措施。对问题严重的建筑，产权单位（或运行管理单位）可以向主管部门提出申请，主管部门也可以根据建筑信息平台的数据派出技术依托单位或专家进行现场诊断以帮助整改，或者派出执法部门进行监督检查。而这些也需给出具体的制度和程序性规定。再有，公共建筑能耗限额实施结果的公示、表彰、超限额单位的处罚等需有相关规定。北京市通过制订《北京市公共建筑电耗限额管理暂行办法》（以下简称《管理办法》）解决上述问题。

《管理办法》在坚持《工作方案》总体原则的基础上突出了实际操作性，重点明确了如下工作措施：

（1）明确以电耗限额为切入点，条件成熟时再推广到综合能耗限额管理

《管理办法》贯彻了《工作方案》确定的公共建筑能耗限额管理统筹规划、分步实施的原则，即规定先从计量数据基础比较好的电耗限额入手，积累相关数据和经验，条件允许时向公共建筑其他用能方面辐射。

（2）进一步明确了公共建筑电耗限额的管理对象

《工作方案》规定，本市公共建筑电耗限额管理的实施对象是本市行政区域内单体建筑面积在 3000 平方米以上（含）且公共建筑面积占该单体建筑总面积 50% 以上（含）的民用建筑。具体实施对象根据公共建筑信息摸排情况确定。市住房城乡建设委在组织公共建筑基础信息采集过程中，了解到确有部分单位以保密为由拒绝填报相关数据，经研究决定，此类单位如果经核实确属保密单位的，可不纳入本市公共建筑电耗限额管理范围。

（3）进一步明确了公共建筑电耗限额的属地管理原则

《管理办法》规定，公共建筑电耗限额实行属地管理，各区政府全面负责本辖区内公共建筑电耗限额管理。区住房城乡（市）建设委及经济技术开发区建设局统筹协调本行政区域内公共建筑电耗限额管理工作。乡镇政府和街道办事处具体负责组织电耗

限额管理实施对象认定、建筑和电耗信息申报以及电耗限额指标的确认。

（4）进一步明确了 2014 年和 2015 年公共建筑电耗限额的计算方法

鉴于 2011 年之前的电力数据无法获得，《管理办法》规定，公共建筑电耗限额依据本市建筑节能年度任务指标和电力用户 2011 年之后的历史用电量确定。2013 年耗电量比 2011 年增加的电力用户，2014 年、2015 年限额值在 2011 年耗电量基础上，分别按 6% 和 12% 降低率确定；2013 年耗电量比 2011 年降低的电力用户，在 2011 年耗电量基础上，按照 12% 扣减 2013 至 2011 已降低率后，平均分配到两年的原则，确定 2014 和 2015 年的限额值；2013 年耗电量比 2011 年已经下降 12% 及以上的电力用户，2014、2015 年限额值均按 2013 年耗电量进行考核。既坚持了《工作方案》的限额下发原则，同时也充分考虑了实际情况，防止"鞭打快牛"的不合理情况发生。

《管理办法》还进一步明确，对于未按期填报基础信息的电力用户，其年度电耗限额值参照同类建筑单位建筑面积电耗限额值较低的前 10% 平均水平确定。也通过这项规定，督促建筑物的产权单位及时填报基础信息。

（5）进一步明确了电耗数据的使用与考核方法

《管理办法》规定，公共建筑电耗限额管理信息平台定期向公共建筑所有权人或运行管理单位公布其本年度电耗限额数据，并通过系统进行比对和预警；通过这种方式提醒电力用户实时了解自己的电耗状况以及与其他电力用户的横向比较情况，及时采取应对措施；《管理办法》同时规定，对实施对象中超过限额 20% 的高电耗建筑，通过政府门户网站向社会公布其建筑名称、建筑地址、所有权人和运行管理单位。以发挥社会和舆论监督的效力，确保电耗限额工作顺利推进。

根据《管理办法》绘制了北京市公共建筑电耗限额管理流程，如图 2-6 所示。

2.3 2013 年电耗限额管理工作实践实录

2.3.1 年度工作概述

2013 年是北京市公共建筑电耗限额管理工作的启动之年。3 月 26 日，市政府召开专题会议，研究公共建筑能耗限额和级差价格工作方案。会议指出，完成"十二五"节能减排任务，最大潜力在建筑节能，要做好公共建筑能耗限额和级差价格工作，理顺价格体系，发挥价格杠杆作用，为进一步做好节能减排奠定基础，发挥首都示范作用。

市政府专题会议后，市住建委一方面对会上及会后有关委办局提出的意见与建议进行认真研究，另一方面组织开展了北京市电力公司公共建筑电耗数据采集机制调研、公共建筑能耗限额管理信息采集工作方案调研及编制、公共建筑能耗限额管理信息系统建设等公共建筑能耗限额管理前期工作，见图 2-7。同时针对开展公共建筑能耗限额管理所需的组织管理和职责分工、资金保障、宣传培训等工作，会同各相关委办局、区县政府等开展工作。市政府办公厅发布工作方案之后，市住建委致函各区县政府并向社会发布信息采集公告，在全市范围内启动公共建筑能耗限额管理基础信息采集工作。

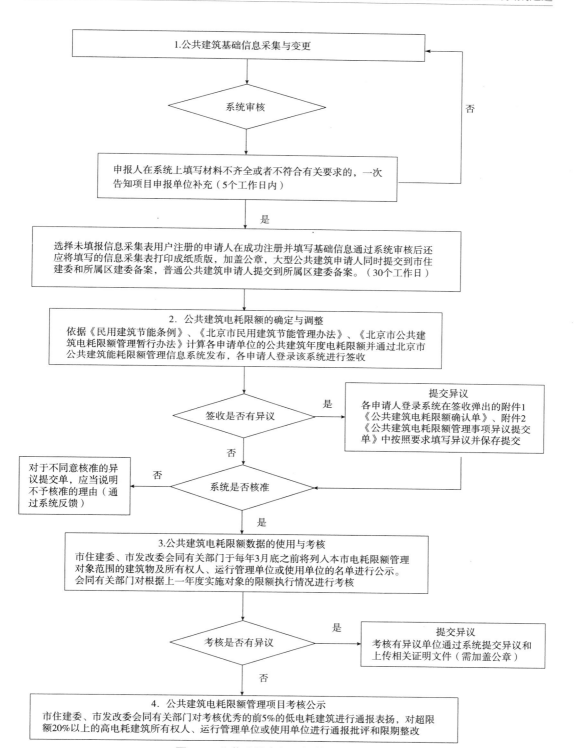

图 2-6　公共建筑电耗限额管理工作流程

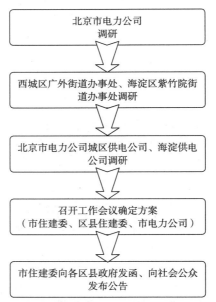

图 2-7　公共建筑能耗限额管理基础信息采集前期调研工作

专栏 2-1　2013 年度大事记

【政策】2013 年 3 月 26 日，市政府召开专题会议，研究公共建筑能耗限额和级差价格工作方案。会议指出，完成"十二五"节能减排任务，最大潜力在建筑节能，要做好公共建筑能耗限额和级差价格工作，理顺价格体系，发挥价格杠杆作用，为进一步做好节能减排奠定基础，发挥首都示范作用。

【政策】2013 年 5 月 28 日，市政府办公厅发布《关于印发北京市公共建筑能耗限额和级差价格工作方案（试行）的通知》（京政办函〔2013〕43 号）。

【政策】2013 年 7 月 25 日，市住建委向各区县人民政府、经济技术开发区管委会发出《关于商请组织北京市公共建筑能耗限额管理基础信息采集工作的函》（京建函〔2013〕352 号）。

【政策】2013 年 12 月 10 日，市经信委对市住建委公共建筑能耗限额管理信息系统建设项目出具了同意实施的审查意见（京经信委信评〔2013〕330 号）。

2.3.2　公共建筑电耗限额管理基础数据采集

公共建筑是城市第三产业的主要"承载体"，点多面广，运行管理人员流动频繁，节能运行管理水平参差不齐，节能运行管理基础工作与实施公共建筑电耗限额管理工作的要求差距巨大，亟待加强。

基于北京市公共建筑节能运行管理现状，市住建委从基础数据采集入手，逐步搭建公共建筑能耗限额管理基础信息库，为限额指标的测算和下发奠定基础。公共建筑能耗限额管理的基本工作任务包括实施对象的确认以及限额指标的下达与考核，这两项工作都离不开基础信息。"十一五"期间，民用建筑能耗统计工作刚刚起步，存在建筑能耗与能源消费的统计口径不完全一致、统计报表由用能单位自行填报，缺少数据核实，难以保证数据质量等问题。因此，开展公共建筑能耗限额管理工作必须从基础信息采集开始，对全市行政区域内符合限额管理条件的公共建筑及其用电信息进行逐一摸排。

1. 基础数据采集范围

按照《工作方案》规定，基础信息采集的范围包括全市单体建筑面积在 3000 平方米以上，且公共建筑面积超过单体建筑面积 50% 的建筑。根据市住建委房屋全生命周期管理平台数据，初步确定了基础信息采集排查清单，共 18000 余栋公共建筑，分布在全市 16 个区及北京经济技术开发区，见图 2-8。需要说明，由于市住建委房屋全生命周期管理平台数据仅包括全市国有土地上的房屋信息，因此集体土地上的房屋不在基础信息采集排查范围之内。此外，部队及保密单位所属公共建筑也不进行基础信息采集。

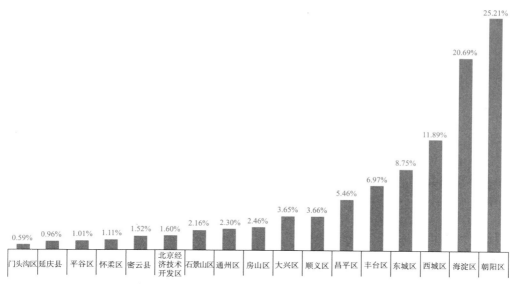

图 2-8　各区公共建筑采集核查面积占全市公共建筑总面积比例

2. 基础数据采集方法

根据上述排查清单，初步确定了拟采用的排查方法，即根据排查清单上的公共建筑地址，分区域采取逐一实地上门排查的方式，走访公共建筑产权单位／使用单位／运行管理单位，并由上述单位相关负责人填报公共建筑电力结算用户编号等信息。完成信息采集之后，市住建委组织信息录入，并将电力用户编号提交市电力公司。市电力公司据此提供公共建筑历史用电量信息。

基本信息排查按照划分的排查小区进行。排查小区的划分要坚持地域原则，做到不重不漏，完整覆盖我市行政区域范围。排查小区划分以街道办事处所辖区域为基础。

对每个排查小区的公共建筑进行核查。

以上排查方法简称"以楼找电"方法，其在数据源上以市住建委房屋全生命周期平台为依托，在排查工作的组织方式上以各区政府、街道办事处（乡镇政府）为实施主体。其组织形式与市住建委2007年全市房屋普查形式类似，工作质量有保障，但缺点是工作量大，耗时长，动员人员多。

为进一步开拓思路，完善信息排查工作方案，市住建委于2013年5月组织赴北京市电力公司所属城区供电公司、海淀供电公司等单位就公共建筑能耗限额管理实施对象排查及建筑信息与电表信息相关联等相关内容进行深入调研，见图2-9。

图 2-9　与海淀供电公司、城区供电公司人员一同赴公共建筑变电所（配电室）调研

由于北京市电力公司拥有全部公共建筑电力用户用电计量结算信息，赴市电力公司调研重点是明确"以电找楼"的可行性。其基本方法为以市电力公司的公共建筑电力客户为能耗限额管理的实施对象，按照市电力公司提供的非居民客户用电地址找到该客户所带的公共建筑及所有由该客户间接供电（转供电）的公共建筑。

采用"以电找楼"的排查方法，当公共建筑电力客户带有至少一栋单体建筑面积在3000平方米以上（含）且公共建筑面积占该单体建筑总面积50%以上（含）的建筑时，将该电力客户所带的全部建筑（含单体建筑面积在3000平方米以下的公共建筑）作为一个整体纳入实施对象。

通过调研，发现采用"以电找楼"方法开展实施对象排查工作面临的主要困难是根据房屋全生命周期平台提供的建筑地址和建筑名称信息，无法准确确定建筑用电客户编号，从而无法提取到用电量。原因在于：（1）市电力公司的信息系统中公共建筑用电地址填写不详、不规范、更名等原因导致查找困难；（2）建筑用电报装时，由于建筑名称尚未得到核准，通常采用开发建设单位的名称进行报装，只有很少的情况下，能够根据建筑名称查找到用电客户。

供电公司仅掌握用户配电室前的信息，对于配电室向各建筑供电的信息不掌握，因而在知道用电客户编号信息的情况下，也无法给出该客户编号所带的建筑面积和功能等信息。

通过上述调研工作，最终确定了公共建筑电耗限额管理基础信息采集采用"以楼找电"的方式进行，由各区街道办事处（乡镇政府）具体组织开展，依托社区工作人员对本辖区内的公共建筑开展实地信息采集工作，各公共建筑产权单位、运行管理单位、使用单位负责信息采集表的填报工作，技术支撑单位提供建筑定位、信息填报、采集表审核、信息录入等方面的技术服务。

3. 电耗数据传输机制

公共建筑电耗限额管理工作的核心环节是电耗限额的测算，公共建筑电耗数据是测算电耗限额的基础，考虑到后期同级差价格机制的有效衔接，电耗数据的覆盖面、准确性、权威性、可获取性等是需考虑的关键因素。为此，《北京市公共建筑能耗限额和级差价格工作方案（试行）》规定了能耗数据的来源为能源供应公司，并在职责分工中赋予了市电力公司、市热力公司、市燃气公司等明确的公共建筑能耗计量、配合开展公共建筑能耗限额管理信息系统建设及能耗数据传输至公共建筑能耗限额管理信息系统等相关工作职责。

公共建筑能耗限额管理基础信息包含建筑信息与用电信息两大类，建筑信息包括建筑所属区县、街道办事处（乡镇）、建筑名称、建筑地址、建筑类型、建筑产权单位、建筑运行管理单位等，用电信息包括建筑电力部门结算电表、建筑内部结算电表等。将建筑信息与用电信息关联是实施公共建筑能耗限额管理的基础性工作。

2013 年 12 月 30 日，市住建委组织赴市电力公司就用电数据传送机制展开调研，对以下事项进行了明确：

（1）市电力公司可提供的用电数据最早可从 2010 年 10 月开始；

（2）缴费号—用户编号—计量点—电表，这四级关系中，各级之间均为 1 对多关系，市电力公司将按照用户编号提供用电数据。

4. 基础信息采集工作启动

公共建筑能耗限额管理从基础信息采集开始，为做好公共建筑能耗限额管理基础信息采集工作，市住建委精心部署，分管委领导多次听取基础信息采集筹备工作汇报，并对公共建筑能耗限额管理基础信息采集表的设计提出了具体意见。

根据北京市人民政府办公厅《关于印发北京市公共建筑能耗限额和级差价格工作方案（试行）的通知》（京政办函〔2013〕43 号）要求，市住建委于 2013 年 7 月 25 日致函（京建函〔2013〕352 号）各区县人民政府、经济技术开发区管委会，商请协助开展公共建筑能耗限额管理基础信息采集工作。全市 16 个区以及北京经济技术开发区的建设主管部门、300 余个街道办事处（乡镇政府）及其下辖社区的 7000 余名工作人员投入到了公共建筑电耗基础信息采集工作中。

市住建委把过程控制作为保证信息采集质量的关键，针对信息采集中可能出现的各种问题，组织编写了《公共建筑能耗限额管理基础信息采集表填表说明》、《公共建筑能耗限额管理基础信息采集常见问题解答（区县建委版）》、《公共建筑能耗限额管理基础信息采集常见问题解答（填报单位版）》等说明材料（图 2-10）随同信息采集表一并下发，以规范的文书、规范的内容、规范的流程，推进信息采集的实施。

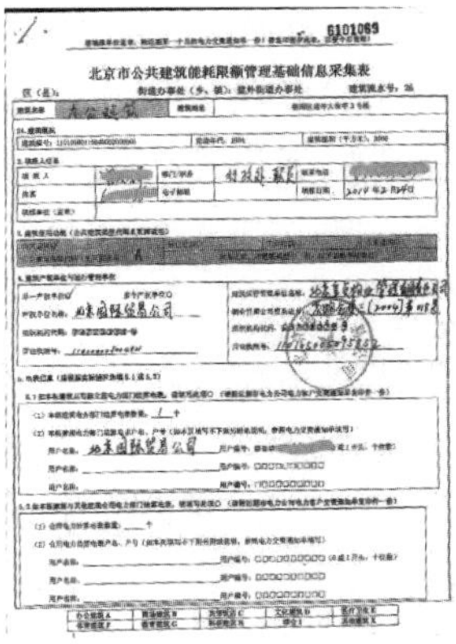

北京市公共建筑能耗限额管理基础信息采集表

（a）

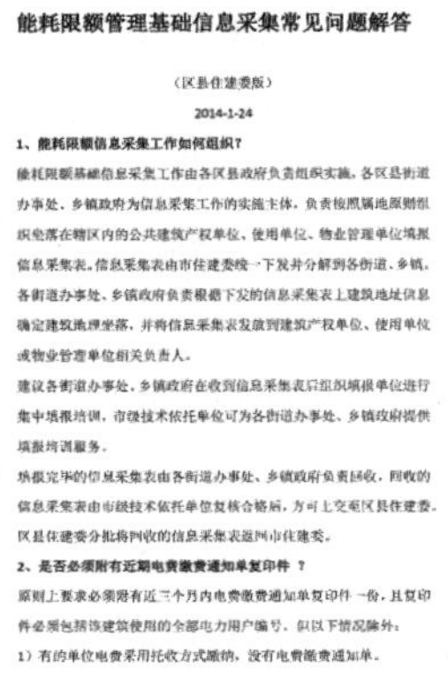

能耗限额管理基础信息采集常见问题解答

（区县住建委版）

2014-1-24

1、能耗限额信息采集工作如何组织？

能耗限额基础信息采集工作由各区县政府负责组织实施，各区县街道办事处、乡镇政府为信息采集工作的实施主体，负责按照属地原则组织坐落在辖区内的公共建筑产权单位、使用单位、物业管理单位填报信息采集表。信息采集表由市住建委统一下发并分解到各街道、乡镇。各街道办事处、乡镇政府负责根据下发的信息采集表上建筑地址信息确定建筑地理坐标，并将信息采集表发放到建筑产权单位、使用单位或物业管理单位相关负责人。

建议各街道办事处、乡镇政府在收到信息采集表后组织填报单位进行集中填报培训，市级技术依托单位可为各街道办事处、乡镇政府提供填报培训服务。

填报完毕的信息采集表由各街道办事处、乡镇政府负责回收，回收的信息采集表由市级技术依托单位复核合格后，方可上交至区县住建委。区县住建委分批将回收的信息采集表返回市住建委。

2、是否必须附有近期电费缴费通知单复印件 ？

原则上要求必须附有近三个月内电费缴费通知单复印件一份，且复印件必须包括该建筑使用的全部电力用户编号，但以下情况除外：

1）有的单位电费采用托收方式缴纳，没有电费缴费通知单。

（b）

图 2-10　北京市公共建筑能耗限额管理基础信息采集表（a）和常见问题解答（b）

基础信息采集过程也是政策和知识普及的过程。针对“节能知识匮乏、人员不懂不会、惯性思维严重”等公共建筑节能运行管理工作中的突出问题，为确保基础信息采集工作质量，市住建委先给各区县建委和街道办事处讲政策、做培训，见图 2-11。之后，又分别在东城区、西城区、丰台区、朝阳区、石景山区、房山区、昌平区等区组织建筑产权单位、运行管理单位做电耗限额工作动员。对于大部分城区，需要采集信息的建筑量都很大，而且比较分散。如朝阳、西城、东城等区，需要采集信息的建筑都有上千栋。需充分借助街道办事处力量，化整为零，将任务逐一分解到各个街道来完成，见图 2-12。

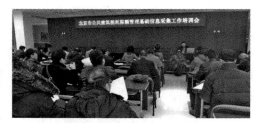

图 2-11　公共建筑能耗限额管理基础信息采集工作培训会

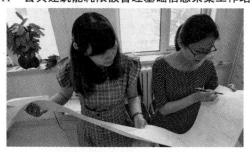

图 2-12　街道工作人员在开展信息采集工作

根据房屋全生命周期管理平台数据，初步确定了全市 16 个区（县）以及北京经济技术开发区的国有土地上单体建筑超过 3000 平方米且公共建筑面积超过 50% 的 18770 栋公共建筑作为信息采集核查的对象。这 18770 栋公共建筑分布在超过 300 个街乡镇。

《北京市公共建筑能耗限额管理基础信息采集表》包括建筑概况、建筑使用功能、建筑产权单位、建筑运行管理单位、电表信息等五类基础信息，见表 2-3。

北京市公共建筑能耗限额管理基础信息采集表信息类别及内容　　　　表 2-3

基础信息类别	具体内容	填表说明
建筑概况	建筑编号 建造年代 建筑面积	根据房屋全生命周期管理平台信息自动生成，无需填报。
建筑使用功能	公共建筑、居住建筑、工业建筑、农业建筑四选一；公共建筑需填报类型代码	建筑可按使用功能分为：1. 工业建筑；2. 农业建筑；3. 民用建筑。民用建筑分为：1）居住建筑，主要是指提供家庭和集体生活起居用的建筑物，如住宅、宿舍、公寓等。2）公共建筑，主要是指提供人们进行各种社会活动的建筑物，如：行政办公建筑、文教建筑、托幼建筑、医疗建筑、商业建筑、观演建筑、体育建筑、展览建筑、旅馆建筑、交通建筑、通讯建筑、园林建筑、纪念建筑、娱乐建筑等。填报时需在公共建筑、居住建筑、工业建筑、农业建筑四个选项中选择一个，建筑使用功能为公共建筑的还应按照建筑的主要用途，根据下表填报公共建筑类型代码： <table><tr><td>公共建筑类型</td><td>代码</td></tr><tr><td>办公建筑</td><td>A</td></tr><tr><td>商场建筑</td><td>B</td></tr><tr><td>宾馆饭店建筑</td><td>C</td></tr><tr><td>文化建筑</td><td>D</td></tr><tr><td>医疗卫生建筑</td><td>E</td></tr><tr><td>体育建筑</td><td>F</td></tr><tr><td>教育建筑</td><td>G</td></tr><tr><td>科研建筑</td><td>H</td></tr><tr><td>综合建筑</td><td>I</td></tr><tr><td>其他建筑</td><td>X</td></tr></table>
建筑产权单位	单一产权 / 多产权 产权单位名称 组织机构代码 营业执照号	（1）本栋建筑如只有一个产权单位（产权人），则选择单一产权单位；如本栋建筑有多个产权单位（产权人），则选择多个产权单位。 （2）填报产权单位的名称、组织机构代码、营业执照号。对于有多个产权单位的情况，填写所占建筑面积较大的产权单位名称

基础信息类别	具体内容	填表说明
建筑运行管理单位	建筑运行管理单位名称 物业管理公司资质证号 组织机构代码 营业执照号	（1）填写本栋建筑运行管理单位的名称、组织机构代码、营业执照号。 （2）如本栋建筑由专业的物业管理公司负责管理，还需填写物业管理公司资质证号
电表信息	根据本栋建筑的实际情况，选择填写（1）或（2）	（1）本栋建筑具有独立的电力部门结算电表，指本栋建筑具有独立的北京市电力公司结算电表，直接同市电力公司结算电费，且结算电表计量用电全部供本栋建筑使用。 （2）本栋建筑与其他建筑合用电力部门结算电表，指本栋建筑与其他建筑共用北京市电力公司结算电表，结算电表计量用电包括本栋建筑和其他建筑用电

2.3.3 公共建筑电耗限额管理信息系统建设

与信息采集工作开展同期，为公共建筑能耗限额管理工作开展提供信息化支撑，北京市住建委组织开展了公共建筑能耗限额管理信息系统建设项目的前期工作，并向市经济和信息化委员会提交了信息系统建设申报资料。2013 年 12 月 10 日，市住建委正式取得市经济和信息化委员会同意实施的审查意见（京经信委信评〔2013〕330 号）。图 2-13 为公共建筑能耗限额管理信息系统基本流程。

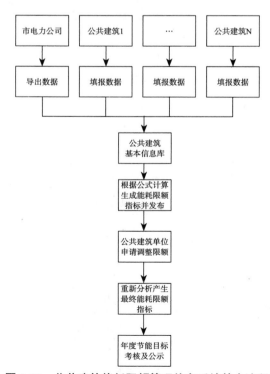

图 2-13　公共建筑能耗限额管理信息系统基本流程

公共建筑能耗限额管理信息系统是市住建委和各区住建委开展公共建筑能耗限额管理工作的业务平台，可使公共建筑能耗数据实现可视化，具有为公共建筑产权单位、使用单位、运行管理单位提供填报基础信息、查看本建筑年度能耗限额指标、申请能耗限额指标调整等功能；还有为市、区两级能耗限额管理部门提供公共建筑电耗数据统计分析、根据历史用电量计算能耗限额值、发布和下达能耗限额指标等管理功能。图 2-14 为公共建筑能耗限额管理信息系统示意图。

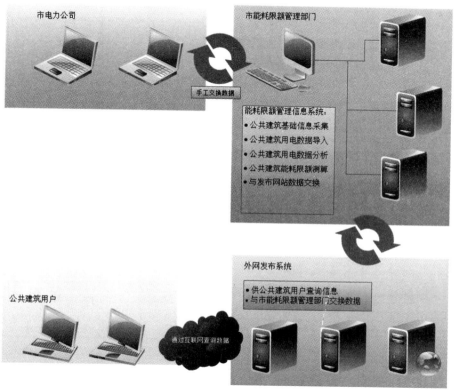

图 2-14　公共建筑能耗限额管理信息系统示意图

2.4　2014 年电耗限额管理工作实践实录

2.4.1　年度工作概述

2014 年 1 月，北京市第十四届人民代表大会第二次会议政府工作报告明确"对全市 3000 平方米以上的公共建筑设置耗电限额"，该项工作随后被列入年度政府折子工程，促使公共建筑电耗限额管理进入大力推动期，信息采集、平台搭建、制度建设、限额发布、宣传培训等各项工作全面开展。

当年取得的主要工作成果如下：公共建筑能耗限额管理基础信息采集工作基本完成、公共建筑能耗限额管理系统上线运行、《北京市公共建筑电耗限额管理暂行办法》正式发布、首次发放公共建筑电耗限额指标。

专栏 2-2　2014 年度大事记

【政策】2014 年 1 月 16 日，市十四届人大二次会议将"对全市 3000 平方米以上的公共建筑设置耗电限额"列入政府工作报告。

【政策】2014 年 1 月 20 日，市住建委副主任冯可梁主持召开公共建筑能耗限额管理基础信息核查工作会议，各区县住房城乡建设委主管领导及相关部门负责人，市住建委相关处室负责人及市级技术依托单位相关负责人、核查技术人员参加会议。

【政策】2014 年 4 月 3 日，市住建委副主任冯可梁主持召开公共建筑能耗限额管理基础信息采集协调会，国家机关事务管理局、中共中央直属机关事务管理局相关负责人参加会议。

【宣传】2014 年 5 月 14 日，北京日报头版头条以"本市今年起实行公共建筑能耗限额"为题报道北京市公共建筑能耗限额工作。

【政策】2014 年 6 月 3 日，市政府第 43 次常务会议审议通过《北京市民用建筑节能管理办法》。2014 年 6 月 24 日，《北京市民用建筑节能管理办法》以市政府令第 256 号发布，并于 2014 年 8 月 1 日起施行。

【管理】2014 年 6 月 9 日，市住建委发布《关于发布 2014 和 2015 年度第一批公共建筑电耗限额的通知》，请各有关单位于 6 月 16 日—6 月 29 日登录北京市公共建筑能耗限额管理信息系统（网址：http://nhxe.bjjs.gov.cn）进行用户注册，并对公共建筑基础信息、历史用电量信息、2014 和 2015 年度电耗限额指标予以确认。逾期未登录注册、登录后未予以确认或未提出异议的，视同已经确认。

【宣传】2014 年 8 月 5 日，市住建委在官网发布《打赢公建能耗"攻坚战"》专题宣传片。

【管理】2014 年 9 月 17 日，市住建委在官网发布《关于发布 2014 和 2015 年度第二批公共建筑电耗限额的通知》

【管理】2014 年 9 月 19 日，市住建委在官网发布《关于未填报〈北京市公共建筑能耗限额基础信息采集表〉单位的公示》

【政策】2014 年 10 月 8 日，市住建委在官网发布《关于对〈北京市公共建筑电耗限额管理暂行办法〉（征求意见稿）公开征求意见的通知》

【政策】2014 年 10 月 27 日，经市政府同意，市住建委、市发展改革委联合印发《北京市公共建筑电耗限额管理暂行办法》（京建法〔2014〕17 号）

【宣传】2014 年 12 月 29 日，北京市住建委在北京日报发表专版文章《打赢公建能耗"攻坚战"》。

2.4.2　公共建筑能耗限额管理基础信息采集工作基本完成

2014 年初，市住建委进一步加大公共建筑能耗限额管理基础信息采集工作力度，于 2014 年 1 月 20 日组织公共建筑能耗限额管理专题工作会。面对信息采集的紧迫形势，市住房城乡建设委决定采用合力推进的方式，对建筑节能与建筑材料管理处与建筑节能与建筑材料管理办公室组建的原负责老旧小区综合整治工作的联络组进行了职责调整，赋予联络组工作人员督促和协助推进公共建筑能耗限额管理的职责与任务。

市级技术依托单位（北京建筑技术发展有限责任公司）成立了 8 个技术服务组，按照市住建委联络组的分工，分别向对接的区县提供技术服务。

各区县建委负责本区内公共建筑能耗限额管理对象的基础信息核查工作，包括确定实施组织单位（街道办事处、乡镇政府或技术依托单位）、组织对实施组织单位、实施对象的培训、动员；指导实施单位下发基础信息报表，汇总并复核上报基础信息报表；负责管理对象归属的本区县内调整，对不配合工作管理对象中的区属单位与民营单位做针对性的动员工作。市级技术依托单位派出的技术服务组负责协助区县建委对实施单位进行培训、协助区县建委识别管理对象归属、协助实施单位确定管理对象的电力结算表编号、协助区县建委对基础信息报表进行复核等。市住房城乡建设委负责根据区县建委的提请，进行管理对象归属在不同区县间的调整、对不配合工作管理对象中的市属单位、中央在京单位做针对性的动员工作。

同时，相关工作人员对公共建筑能耗限额管理各区信息采集进度定期汇总分析，并定期编报专报，以《北京住房城乡建设信息》的形式送市住建委相关委领导、各区县住房城乡建设委、开发区建设局，见图 2-15。

图 2-15　《北京住房城乡建设信息》公共建筑电耗限额管理信息专报

对于信息采集中需市属系统协调配合的公共建筑，市住建委于 2014 年 3 月 7 日组织了公共建筑能耗限额管理信息采集协调会，请市委宣传部、市发展改革委、市规划委、市公安局、市国资委、市教委、市卫生委、市旅游委、市商务委、市民政局、市国土局、市科委、市金融局、市园林绿化局、市交通委、市经济信息化委、市文化局、市工商局、市民防局、市文物局、市文资办、市总工会、北京西站地区管委会、天安门地区管委会等单位参加。

对于信息采集中需中直、国管系统协调配合的公共建筑，市住建委于2014年4月3日组织了公共建筑能耗限额管理信息采集协调会，请中共中央直属机关事务管理局、国家机关事务管理局参加并配合。

同时，市住建委还向国家机关事务管理局去函（京建函〔2014〕106号）提请协调中央国家机关所属单位开展公共建筑能耗限额管理工作。该函中，市住建委提请国家机关事务管理局对按属地要求纳入公共建筑电耗限额管理的国务院系统所属在京单位的相关工作予以协调、指导。建议组织相关部委主管部门参加协调会或发出通知，要求相关单位尽快完成电耗限额管理对象范围内公共建筑的基础信息申报工作。并建议各主管部门明确此项工作的负责人和联系人，在国家机关事务管理局主管部门的领导下建立与北京市负责此项工作的市住房城乡建设委的常态化沟通协调机制。

2.4.3 公共建筑能耗限额管理信息系统上线运行

2014年，北京市住房城乡建设委组织进行了"北京市公共建筑能耗限额管理信息系统"的开发，并于当年实现上线运行。经市建委、各区县建委以及部分电力用户人员测试使用，该系统能基本满足市、区两级公共建筑能耗限额管理工作需求。通过该系统，市住建委管理人员可查看全市各区县公共建筑电力用户注册情况，可对各电力用户填报的基础信息进行查看和修改，可以完成限额的计算和下发，查看各电力用户限额签收和确认情况，查看全市各电力用户限额总量。此外，区县住建委管理人员可对辖区内公共建筑基础信息和电力信息进行查看，并可查看辖区内各电力用户限额签收和确认情况。各公共建筑电力用户注册并登录系统后可查看本公共建筑填报的基础信息、近三年电力用户电耗数据、查看并签收本公共建筑电耗限额指标，并可通过系统对限额指标提出异议。该系统上线运行后，建立起市区两级管理机构和公共建筑电力用户信息共享的服务平台，为公共建筑能耗限额管理工作提供了有力支持。

2.4.4 《北京市公共建筑电耗限额管理暂行办法》正式发布

根据市政府办公厅印发的"工作方案"要求，2013至2014年上半年，市住房城乡建设委开展了公共建筑基础信息采集、公共建筑能耗限额管理信息系统建设以及公共建筑电耗限额的发布等工作。但在工作推进中也出现了一些实际问题，亟需起草、发布规范性文件予以明确。2014年，市住房城乡建设委与市发展改革委共同起草了《北京市公共建筑电耗限额管理暂行办法》，并在征求了相关单位和专家的意见后，经市政府同意，以市住房城乡建设委和市发展改革委名义联合印发了《北京市公共建筑电耗限额管理暂行办法》（京建法〔2014〕17号），作为电耗限额工作的依据。

2.4.5 首次发放公共建筑电耗限额指标

2014 年 4 月 3 日，市住房城乡建设委即组织开展了第一批公共建筑电耗限额指标的下达，由市住房城乡建设委副主任冯可梁主持召开会议，向首批 435 栋公共建筑下达了 2014、2015 年度的电耗限额指标，由各区县住房城乡（市）建设委负责安排送达各建筑物的产权单位或运行管理单位进行确认（2014 年 4 月 10 日专报信息）。由于公共建筑电耗限额管理信息系统此时尚未正式上线，第一批公共建筑电耗限额指标采用纸质《公共建筑电耗限额确认单》（图 2-16）的形式下发。

《公共建筑电耗限额确认单》包括对建筑名称、建筑编号、建筑地址、电力用户名称、电力用户编号、2011 年用电量、2012 年用电量、2013 年用电量、2014 年电耗限额、2015 年电耗限额、电耗限额管理的实施责任单位等项内容的逐一确认，确认单位需逐项填写"无异议"或"有异议"并签署意见和加盖公章。

针对有异议事项，确认单位需另行填写《公共建筑电耗限额管理事项异议提交单》，有异议事项共分三类，第一类为不同意列入电耗限额管理对象，第二类为不同意《公共建筑电耗限额确认单》所下达的 2014 年、2015 年年度电耗限额，第三类为不同意本单位作为电耗限额管理的实施责任单位。

图 2-16 公共建筑电耗限额确认单

公共建筑能耗限额管理信息系统上线之后，市住建委又分别于 2014 年 6 月 11 日、9 月 22 日发布了两批公共建筑电耗限额，基本实现了对信息已采集完成的公共建筑的全覆盖。

2.4.6 公共建筑能耗限额管理基础信息核查

图 2-17 为公共建筑电耗限额管理基础信息采集核查流程。

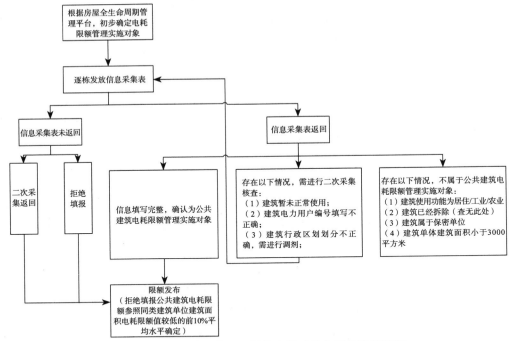

图 2-17　公共建筑电耗限额管理基础信息采集核查流程

1. 填报基础信息排查

对完成信息采集的排查对象填报信息进行整理，发现大部分排查对象属于应纳入公共建筑电耗限额管理实施范围的公共建筑，但也存在一些特殊情况：

（1）排查对象属于居住建筑、工业建筑等非公共建筑；

（2）排查对象属于已拆除或闲置类建筑；

（3）排查对象属于单体建筑面积不足 3000 平方米建筑；

（4）排查对象正在整体改造施工，暂无法完成信息采集；

（5）部分集团客户，如银行、通信企业等，各分公司的电费由总部统一进行缴纳，分公司不掌握电力用户编号信息。此部分建筑虽然完成其他信息的填报工作，但电力信息需同各总公司和市电力公司沟通后，进行统一的电力信息填报；

（6）部分建筑通过银行转账的方式缴纳电费，无法提供所需要的电力用户编号，无法获得其电力信息，需同市电力公司进一步协调；

（7）部分建筑通过电卡购电方式缴纳电费，通常会预存购买多个月的用电量，其年度用电信息无法统计。

对于采集过程中上报的已拆建筑、单体建筑面积小于 3000 平方米等情况，技术支撑单位在审核上报证明材料的基础上选择部分建筑进行了抽查，其中针对大型公建进行了全数核查和现场核实。抽查过程中，技术支撑单位利用招标网发布的拆除项目招标及中标公告、上市公司年报中对固定资产拆除导致的资产减值信息披露、规划部门发布的工程许可证信息、建设行政主管部门发布的施工许可证信息及竣工许可证信息、主流媒体报道、各相关单位信息披露、法院财产拍卖公告、产权交易所房产交易公告等可信信息对采集上报的信息进行了确认。

2. 单位建筑面积电耗指标测算

按照《工作方案》中关于电耗降低率区别设定的原则，应在同类建筑单位建筑面积电耗排序的基础上，对于单位建筑面积电耗最低的 5% 公共建筑，设定较低的降低率（0），以避免鞭打快牛的现象出现；对于单位建筑面积电耗最高的 5% 公共建筑，设定较高的降低率（基础降低率的 1.2 倍），以督促其采取节电措施。

因此，在基本完成信息采集的基础上，开展了分类别公共建筑单位建筑面积电耗的测算分析工作，但过程中发现存在部分建筑单位建筑面积电耗指标"虚高"或"虚低"的情况。（1）指标"虚高"。建筑与用户编号存在多对一或多对多这两种对应关系的情况，由于下发信息采集表的范围仅涵盖建筑面积 3000 平方米以上的公共建筑，3000 平方米以下的公共建筑和居住建筑的信息是采集不到的。对于一些采用高压自管户形式的大院类单位，其电力结算表所对应的是大院内所有建筑，含 3000 平方米以下的公共建筑和居住建筑，这种情况下存在建筑面积被少计算，导致计算出的单位建筑面积限额指标偏高。（2）指标"虚低"。对于具有多个用户编号的情况，在填报信息采集表时如果没有全部填写，会导致从供电公司采集的用电量只是实际的一部分电量这种情况。然而这种情况也是很难判断的，因为具体有几个用户编号属于电力用户的私有信息，项目人员无从判断。目前采取的措施是，一旦发现某建筑单位建筑面积限额指标过低，则推断该建筑信息采集表填报时可能存在漏填电表用户编号的情况。在下一步工作中，可同电力公司商讨通过填报的某一用户编号查找对应于同一建筑的所有用户编号的工作方式。

考虑到在目前的信息采集标准和条件下，不能有效规避这种限额指标"虚高"或"虚低"现象，导致根据单位建筑面积电耗水平来判断建筑节电水平的方法失去了依据，因此在后续制定《北京市公共建筑电耗限额管理暂行办法》的过程中，结合实际对降低率区别设定的方法进行了调整。

2.4.7　公共建筑电耗限额指标确定方法

公共建筑电耗限额管理基础信息采集的基本单位是栋，但电力公司提供的电力数据是以电力用户为单位的。通过对采集数据的分析，公共建筑单体（栋）同电力用户之间存在如表 2-4 所示四种关系：

公共建筑与电力用户对应关系　　　　　　　　　　　　　　　　　　表 2-4

序号	对应关系	说明
1	1—1 对应关系	1 栋公共建筑只对应 1 个电力用户，且该电力用户只给该栋公共建筑供电。
2	1—多对应关系	1 栋公共建筑对应多个电力用户，多个电力用户的用电量之和为该公共建筑的用电量。
3	多—1 对应关系	多栋公共建筑对应 1 个电力用户，无法获取单栋公共建筑的用电量，只能得到多栋公共建筑的总用电量，医院、学校类公共建筑中这种情况较多。

续表

序号	对应关系	说明
4	多—多对应关系	多栋公共建筑对应多个电力用户，无法获取单栋公共建筑的用电量，只能通过将多个电力用户用电量加和得到多栋公共建筑的总用电量，医院、学校类公共建筑中这种情况较多。

　　对于上述四种对应关系中的前两者，下达限额指标时可以下到单栋建筑，而对于后两者，下达限额指标时只能下到电力用户。

　　《北京市公共建筑电耗限额管理暂行办法》（以下简称《暂行办法》）（图 2-18）对电耗限额计算方法进行了调整，其与《工作方案》中规定的限额计算方法对比如表 2-5 所示：

图 2-18　《北京市公共建筑电耗限额管理暂行办法》

公共建筑电耗限额计算方法对比（《工作方案》与《暂行办法》）　　　　表 2-5

	《工作方案》	《暂行办法》
计算方法	基准电耗（1- 降低率）	基准电耗（1- 降低率）
基准电耗	2009 年至 2013 年五年历史用电量平均值	以 2011 年用电量为基准电耗
降低率设定原则	基础降低率 + 差异化 （1）单位建筑面积电耗最低的 5% 公共建筑，当年降低率设定为 0； （2）单位建筑面积电耗最高的 5% 公共建筑，当年降低率为 1.2 倍基础降低率； （3）其他建筑取基础降低率	区别设定降低率
基础降低率	6%（2014 年） 12%（2015 年） 另行制定（2016 年之后）	6%（2014 年） 12%（2015 年） 另行制定（2016 年之后）

2.5　2015 年电耗限额管理工作实践实录

2.5.1　年度工作概述

继 2014 年基本完成公共建筑电耗限额管理基础信息采集和电耗限额指标下达之后，2015 年度主要工作包括：公共建筑电耗限额 2014 年度执行情况考核以及既有公共建筑信息核查。在考核方面，该年度首次完成 2014 年度电耗限额管理考核并通过新闻座谈会将考核结果向社会发布。在信息核查方面，由于公共建筑基础信息采集不是一次采集就能一劳永逸的工作，一方面，新建建筑中符合条件需纳入公共建筑电耗限额管理的公共建筑的基础信息需要采集，另一方面，已经完成采集的公共建筑也存在建筑功能改变甚至拆除等变化也需更新信息。为此，市住建委在 2015 年组织了新增公共建筑信息采集和既有公共建筑信息核查工作。

专栏 2-3　2015 年度大事记

【管理】2015 年 4 月 24 日，市政府召开 2015 年全市建筑节能任务指标分解部署动员会，公共建筑电耗限额管理工作列入各区建筑节能任务约束性指标。

【管理】2015 年 7 月 1 日至 7 日，市住建委对 2014 年度公共建筑电耗限额执行情况考核确认的 116 家低电耗建筑在市住建委官网进行了公示。

【管理】2015 年 7 月 6 日，市住建委在市住建委官网对未按期填报公共建筑电耗限额管理基础信息采集的电力用户发出限期填报通知。

【管理】2015 年 8 月 21 日，市住建委会同市发改委联合发布《关于 2014 年度公共建筑电耗限额管理考核优秀建筑的通报》（京建发〔2015〕303 号），依据《北京市公共建筑电耗限额管理暂行办法》（京建法〔2014〕17 号），市住建委、市发改委对符合条件的公共建筑设置了 2014 和 2015 年度电耗限额指标。经指标考核以及社会公示，北京网信物业管理有限公司等单位运行管理的 116 幢建筑，2014 年度实际用电量降低率居于全部考核对象的前 5%，为 2014 年度电耗限额管理考核优秀建筑。

【管理】2015 年 8 月 21 日，市住建委会同市发改委联合发布《关于未填报公共建筑电耗限额管理基础信息建筑的通报》（京建发〔2015〕305 号），对未按期报送基础信息与电耗统计数据的公共建筑所有权人和运行管理单位予以通报，其 2014 和 2015 年度电耗限额指标将参照同类建筑单位建筑面积电耗较低的前 10% 平均水平确定并考核。

【宣传】2015 年 10 月 30 日，市住建委组织召开"公共建筑能耗限额管理新闻座谈会"，市住建委冯可梁副主任、市发改委环资处、市住建委节能建材处、物业处、房研所、执法大队、西城区住建委、朝阳区住建委相关领导参会。到会的还有北京建工物业和北京建筑技术发展有限责任公司代表。邀请媒体代表有首都建设报、北京电视台等。北京市住建委对外发布《我市公共建筑节能进入依法行政轨道 1.3 万栋公建已实施电耗限额管理》，宣传了我市公共建筑能耗限额管理工作的最新进展。人民日报、人民网、北京晨报对此进行了重点报道。此外，新华网、网易、中国经济网、环球网、中国青年网、凤凰网、中国日报网、中国节能服务网、国际能源网、中国节能在线等平台均对相关信息进行了转载。

【宣传】2015 年 12 月 30 日，北京市住建委在北京日报发表专版文章《让电表不再"任性"，让城市更有"韧性"》。

2.5.2 公共建筑电耗限额管理首次考核

2015 年上半年，根据《北京市公共建筑电耗限额管理暂行办法》（京建法〔2014〕17 号）要求，市住建委对已下达公共建筑电耗限额指标的公共建筑 2014 年度电耗限额执行情况进行了考核。经数据核查、区县确认，市住建委确认 116 家单位，2014 年度实际用电量降低率居于全部考核对象的前 5%，为年度考核确认的低电耗建筑；并在市住房城乡建设委网站（www.bjjs.gov.cn）上予以了公示（公示日期为 2015 年 7 月 1 日至 7 月 7 日），以接受社会监督。经指标考核以及社会公示，北京网信物业管理有限公司等单位运行管理的 116 幢建筑被确认为 2014 年度电耗限额管理考核优秀建筑。市住建委联合市发展改革委发布了《关于 2014 年度公共建筑电耗限额管理考核优秀建筑的通报》（京建发〔2015〕303 号）。

对未按期填报基础信息的电力用户，2015 年 7 月 2 日，市住建委发布了《关于限期填报公共建筑电耗限额管理基础信息的通知》。截至 2015 年 8 月 20 日，经过数据采集、社会公示，仍未完成北京市公共建筑电耗限额管理基础信息填报工作的部分单位，市住建委联合市发展改革委发布了《关于未填报公共建筑电耗限额管理基础信息建筑的通报》（京建发〔2015〕305 号），规定其 2014 和 2015 年度电耗限额指标将参照同类建筑单位建筑面积电耗较低的前 10% 平均水平确定并考核。

1. 考核方法

按照《北京市公共建筑电耗限额管理暂行办法》（京建法〔2014〕17 号），对于 2014 年已下发电耗限额的公共建筑，市住房城乡建设委员会与有关部门确定实施对象中电耗水平前 5% 的低电耗建筑和超过限额 20% 的高电耗建筑。在实际考核中，按照 2014 年度实际用电量降低率居于全部考核对象的前 5% 的方法确定了低电耗建筑。

2. 考核程序

对于初步确定的低电耗建筑 218 家，由技术支撑单位进行用电数据核查，然后由区县建委及相应用能单位进行盖章确认。对于完成确认的建筑，北京市住房和城乡建设委员会于 2015 年 7 月 1 日在其官方网站发布了《关于 2014 年度公共建筑电耗限额执行情况考核结果的公示》，具体公示情况见表 2-6：

2014 年度电耗限额考核结果公示信息　　表 2-6

公示发布位置	首页—工程建设专栏—建筑节能与建材监管栏目
公示名称	关于 2014 年度公共建筑电耗限额执行情况考核结果的公示
公示内容	116 家年度考核确认的低电耗建筑名单（建筑名称、建筑地址、产权单位、运行管理单位、填报单位）
公示时间	2015 年 7 月 1 日至 7 月 7 日

3. 考核结果

经过区县确认、公示、考核单位确认等一系列程序，北京市住房和城乡建设委员会于 2015 年 9 月 8 日在其官方网站发布了《关于 2014 年度公共建筑电耗限额管理考核优秀建筑的通报》，具体公示情况见表 2-7 和图 2-19：

2014 年度电耗限额考核结果通报信息　　表 2-7

通报发布位置	首页—工程建设专栏—建筑节能与建材监管栏目
通报名称	《关于 2014 年度公共建筑电耗限额管理考核优秀建筑的通报》京建发〔2015〕303 号
通报内容	116 家年度考核确认的低电耗建筑名单（建筑名称、建筑地址、产权单位、运行管理单位、填报单位）

根据《北京市公共建筑电耗限额管理暂行办法》（京建法〔2014〕17 号）超限额 20% 的电力用户，市住建委可责令其所有权人实施能源审计，将审计结果报送市、区住建委，并依据能源审计结果加强节能管理和实施节能改造。

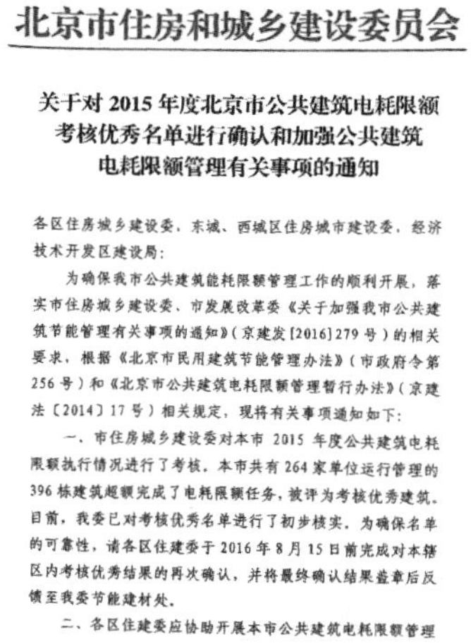
北京市住房和城乡建设委员会

关于对 2015 年度北京市公共建筑电耗限额考核优秀名单进行确认和加强公共建筑电耗限额管理有关事项的通知

各区住房城乡建设委、东城、西城区住房城市建设委、经济技术开发区建设局：

为确保我市公共建筑能耗限额管理工作的顺利开展，落实市住房城乡建设委、市发展改革委《关于加强我市公共建筑节能管理有关事项的通知》（京建发[2016]279 号）的相关要求，根据《北京市民用建筑节能管理办法》（市政府令第 256 号）和《北京市公共建筑电耗限额管理暂行办法》（京建法〔2014〕17 号）相关规定，现将有关事项通知如下：

一、市住房城乡建设委对本市 2015 年度公共建筑电耗限额执行情况进行了考核。本市共有 264 家单位运行管理的 396 栋建筑超额完成了电耗限额任务，被评为考核优秀建筑。目前，我委已对考核优秀名单进行了初步核实。为确保名单的可靠性，请各区住建委于 2016 年 8 月 15 日前完成对本辖区内考核优秀结果的再次确认，并将最终确认结果盖章后反馈至我委节能建材处。

二、各区住建委应协助开展本市公共建筑电耗限额管理

图 2-19　关于对 2015 年度北京市公共建筑电耗限额考核优秀名单进行确认的通知

市住建委并于 2015 年 10 月 30 日召开新闻座谈会（图 2-20），对信息采集和公共建筑电耗限额考核情况向社会发布新闻通稿。

图 2-20　公共建筑电耗限额管理新闻座谈会（2015 年 10 月 30 日）

2.5.3　既有公共建筑信息核查

在 2014 年公共建筑能耗限额管理基础信息采集基础上，2015 年初，市住房城乡建设委又组织技术支撑单位开展了对已采集数据质量的核查工作，对于填报信息不完整、不准确的建筑，部分灭失建筑、未正常使用建筑（空置、装修等）、居住 / 工业 / 农业等所对应的信息采集表，由技术支撑单位分类发回至各区补充完善。

2015 年二季度，在区建委及街道办事处的配合下，北京市完成了 5607 栋电耗信息已采集建筑的核查，以及未成功采集电耗信息的 2515 栋建筑的再次采集，全面摸排核查的既有建筑共计 8122 栋。

各区住建委采取有效措施开展既有公共建筑信息核查工作，如丰台区住建委结合工作实际，采取分阶段、分步骤、分难易等办法，细化任务清单，逐类逐项推进任务落实。在数据采集过程中，对于区域划分不明确的进行实地踏勘；对已拆除或计划拆除的，现场拍照留存；对联系不到责任人的，张贴通知；对银行划账缴费的，协调供电部门；对于不配合或拖延不办的，则约谈房屋产权人；对于卫星图片标定模糊的，现场拍照取证。丰台区住建委在掌握存量建筑信息方面狠下功夫，共计完成 1400 多栋建筑信息采集，采集覆盖率名列前茅。

通过扎实有效的开展信息采集工作，数据信息准确性得到提升，含全市共 1 万余栋公共建筑基础信息及 2011 年以来的逐月用电量结算数据在内的数据信息进一步夯实了北京市公共建筑能耗限额管理信息系统的数据基础，为实施公共建筑电耗限额管理奠定了良好的基础。

图 2-21 为北京市公共建筑电耗大数据平台建筑分布图。

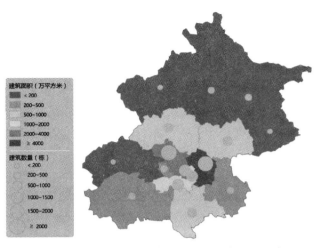

图 2-21   北京市公共建筑电耗大数据平台建筑分布图

2.6   2016 年电耗限额管理工作实践实录

2.6.1   年度工作概述

本年度公共建筑电耗限额管理工作继 2014 年之后再次被列入市政府工作报告和折子工程。市住建委在总结公共建筑电耗限额管理工作推进经验基础上，从组织、政策、技术、节能监察、宣传培训等多方面进一步完善各项保障措施，深入推进公共建筑电耗限额管理工作。

1. 组织方面

市住建委通过印发《2016 年北京市建筑节能与建筑材料管理工作要点》、《公共建筑电耗限额管理工作任务分解方案》等文件（图 2-22）加强委内外工作协同，对公共建筑电耗限额管理各项任务明确责任单位、完成时限，并通过定期召开公共建筑电耗限额管理工作调度会等方式，有力促进了各项工作的顺利推进。

图 2-22   市住建委印发《公共建筑电耗限额管理工作任务分解方案》

2. 政策方面

2016 年 9 月 5 日，市政府第 128 次常务会议审议通过《北京市"十三五"时期民用建筑节能发展规划》。该规划提出，要站在建筑节能工作新起点，把握建筑节能发展新机遇，开启建筑节能发展新篇章，并从 6 个方面对建筑节能工作进行了规划见图 2-23。

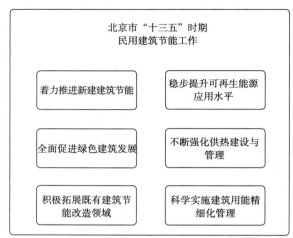

图 2-23　北京市"十三五"时期民用建筑节能工作

《北京市"十三五"时期民用建筑节能发展规划》对"十二五"时期北京市公共建筑电耗限额管理的工作进行了肯定，规划在阐述"十二五"时期公共建筑节能运行管理体制机制创新方面成果时，指出（北京市）"在全国率先开展公共建筑能耗限额管理。"和"通过对 1.3 万余栋公共建筑电耗限额进行考核，有力促进了公共建筑的节能改造和行为节能。"

规划总结"十二五"时期北京市公共建筑电耗限额管理的经验，提出要科学实施建筑用能精细化管理，通过整合建筑及能耗数据资源，构建全市民用建筑用能信息管理平台，强化公共建筑节能运行管理，健全配套政策法规和节能考核体系，推进建筑节能从过程管理向目标管理转变。

在促进建筑能耗数据整合及共享方面，规划提出以北京市房屋全生命周期平台为基础，有效整合民用建筑能耗统计、公共建筑能耗限额管理、大型公共建筑能耗监测、公共机构能耗在线监测、供热能耗信息和企业管理平台等政府和社会信息资源，构建全市民用建筑用能信息管理和服务平台。探索完善全市民用建筑能源计量器具与建筑基本信息的对接，建立从能源供应到能源需求全覆盖的民用建筑能耗信息系统。

在深化公共建筑节能运行管理方面，规划提出强化公共建筑能耗限额管理，根据不同类型公共建筑用能特点，在完善建筑用能限额指标体系的基础上，推动公共建筑能源差别价格的实施，强化公共建筑能耗限额的差异化和精细化管理。

3. 发布《北京市公共建筑能效提升行动计划（2016-2018 年）》

行动计划提出要继续开展公共建筑能耗限额管理工作。根据市住房城乡建设委、市发展改革委联合印发的《北京市公共建筑电耗限额管理暂行办法》，在全市范围内继续组织对重点公共建筑开展能耗限额管理工作。对超过电耗限额 20% 的建筑，责令建筑所有权人实施能源审计，并依据能源审计结果加强节能管理和实施节能改造，改造项目纳入我市公共建筑能效提升工程项目储备库。

　　4. 宣传培训方面

　　宣传方面进一步加强传统媒体和新媒体协同应用，线上线下联动。在市住建委官方微信公众号"安居北京"的"微服务"板块下增设"建筑节能"专栏，内含"限额信息"和"我的限额"两个功能，见图 2-24。"限额信息"将市住建委官网历年发布的公共建筑电耗限额管理相关政策文件汇总展示，方便用户查询检索；"我的限额"则实现了同公共建筑能耗限额管理信息系统的数据对接，已经在公共建筑能耗限额管理信息系统完成注册的用户可通过"我的限额"功能在微信端登录查看自身的电耗限额信息。

图 2-24　"安居北京"微信公众号能耗限额管理相关功能（一）

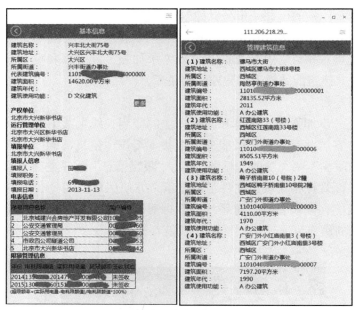

图2-24 "安居北京"微信公众号能耗限额管理相关功能（二）

实施公共建筑电耗限额管理以来，每年组织拍摄专题宣传片，对当年公共建筑电耗限额管理的重点工作进行主题宣传，已经成为惯例。拍摄的宣传片，一方面在培训会、新闻座谈会等会议场合进行播放，另一方面通过各种渠道向社会发放，起到了扩大公共建筑能耗限额管理工作社会认知度的作用。随着手机端、车载电视等新媒体的应用日益广泛，篇幅短小且采用动画形式的微视频的传播作用日益突出，为此市住建委组织拍摄了公共建筑电耗限额管理微视频，见图2-25。

图2-25 公共建筑电耗限额管理微视频

培训方面，市住建委组织了多次公共建筑电耗限额管理培训会，见图2-26。

图 2-26　公共建筑电耗限额管理 2016 年第一次培训会

5. 节能监察方面

能源审计为挖掘节能潜力的一个重要手段。7 月 28 日，市住房城乡建设委、市发展改革委联合发布了《关于加强我市公共建筑节能管理的通知》，北京市 151 栋公共建筑因连续两年超过电耗限额 20%，被强制实施能源审计。9 月 18 日，两委又联合印发了《关于对 2015 年度公共建筑电耗限额管理考核优秀建筑的通报》，342 栋建筑因实际用电降低率居全部考核对象的前 5%，被评为优秀建筑。

这样的考核结果对业主单位来说可谓"几家欢喜几家忧"。为进一步加强宣传，出实招、硬招让电耗在能源审计下降低，强化节能管理，9 月 29 日，市住房城乡建设委召开公共建筑能耗限额管理新闻座谈会（图 2-27），再次对考核优秀的公共建筑进行了表彰，同时公布了连续两年超限额用电 20% 以上的公共建筑名单，并责令其开展能源审计，依据审计结果实施节能管理和节能改造。

图 2-27　2016 年新闻座谈会

"未按照要求开展能源审计或报送虚假能源审计报告的建筑业主，由市住房城乡建设行政主管部门责令改正，逾期不改正的我们将开展执法工作，进行相应的处罚。"北京市建设工程和房屋管理监察执法大队王颖队长说道。

对能源审计来说，执法工作是支撑能源审计发挥效用的重要一环。在培训会上，北京市建设工程和房屋管理监察执法大队向来自市住房城乡建设委、市发展改革委、市商务委、市旅游委，各区住房城乡（市）建设委（局）等政府部门和各区超限额公共建筑管理单位的相关人员进行了公共建筑能耗限额管理相关执法流程及《责成能源审计告知书》送达注意事项的培训。

6.技术方面

2016年，市住房城乡建设委启动公共建筑能耗限额管理信息系统升级改造工作，升级改造主要内容包括（1）新增大型公共建筑能源利用状况报告填报模块；（2）将房屋全生命周期平台中的建筑数据和限额管理信息系统中的电力数据结合起来，实现了全市公共建筑能耗的可视化展示。数据的可视化展示主要是基于北京市公共建筑能耗限额管理信息系统中各建筑能耗数据而设置的能耗情况展示。主要通过不同维度来展示北京市公共建筑的能耗使用情况。且能实现通过图表进行同一建筑不同时间的纵向比较以及不同建筑同一时间的横向比较，从而为公共建筑节能潜力分析挖掘提供数据基础。

专栏2-4　2016年度大事记

【政策】2016年1月22日，北京市第十四届人民代表大会第四次会议政府工作报告提出"抓好公共建筑能耗限额管理"。

【政策】2016年4月27日，北京市住房和城乡建设委员会印发《2016年北京市建筑节能与建筑材料管理工作要点》（京建发〔2016〕146号），将"继续对3000平方米以上的公共建筑开展能耗限额管理工作。根据2014、2015年度的能耗限额执行情况，开展相关考核管理。"列为重点专项工作的第一项。

【管理】2016年6月7日，市住建委发布《关于2014年度和2015年度公共建筑电耗限额执行情况考核结果的公示》，对经数据核查，2014年和2015年连续两年实际用电量超过当年电耗限额的20%的200幢建筑在市住房城乡建设委网站（www.bjjs.gov.cn）上予以公示。公示日期为2016年6月8日至6月15日。

【管理】2016年7月21日，市住建委通过北京市公共建筑能耗限额管理信息系统发布2016年度北京市公共建筑电耗限额，并在市住建委官网发布公告。为确保电耗限额指标的延续性，本次发布的2016年度电耗限额计算方法仍沿用2015年度的电耗限额计算方法。

【管理】2016年7月28日，市住建委会同市发改委联合发布《关于加强我市公共建筑节能管理有关事项的通知》（京建发〔2016〕279号），对大型公共建筑能源利用状况报告填报以及超电耗限额20%的公共建筑能源审计工作进行了部署。

【管理】2016 年 9 月 19 日，市住建委会同市发改委联合发布《关于对 2015 年度公共建筑电耗限额管理考核优秀建筑的通报》，对 226 家 2015 年度电耗限额管理考核优秀建筑进行了通报。

【宣传】2016 年 9 月 29 日，北京市住建委对外发布《北京市公共建筑电耗限额管理——几家欢喜几家忧》，对 2015 年度公共建筑能耗限额管理工作进行总结，其中 151 家单位因连续两年超过电耗限额 20% 被强制实施能源审计，342 栋建筑因 2015 年实际用电降低率居全部考核对象的前 5% 被评为考核优秀建筑。人民网、新华网、中国青年网对此进行了重点报道。此外，网易、腾讯网、搜狐网、中国江苏网、北京青年报、中国山东网等平台均对相关信息进行了转载。

【宣传】2016 年 12 月 26 日，北京市住建委在北京日报发表专版文章《建筑节能助力城市"绿色"生活》。

2.6.2　加强公共建筑电耗限额管理

1. 下发 2016 年度电耗限额指标

《北京市公共建筑电耗限额管理暂行办法》仅对 2014 年、2015 年电耗限额指标计算方法做出了规定，在新的限额计算方法暂未出台前，为确保电耗限额指标的延续性，2016 年度电耗限额指标计算方法仍沿用 2015 年度的电耗限额指标计算方法。

2. 加强电耗限额数据使用与考核

为加强电耗限额数据使用与考核，市住建委将公共建筑电耗限额管理考核结果纳入物业管理示范项目评选、绿色建筑标识项目奖励资金申报等工作，进一步推动北京市绿色建筑的发展。

（1）北京市物业管理示范项目评选

贯彻落实《北京市公共建筑电耗限额管理暂行办法》第十八条规定："电耗限额考核不合格的公共建筑，不得参加北京市物业管理示范项目评选。"2016 年市住建委发布的《关于 2016 年度北京市物业管理示范项目考评工作有关事项的通知》（京建发〔2016〕208 号），首次将"公共建筑物业项目 2015 年度电耗未超限额"纳入北京市物业管理示范项目申报条件。

（2）北京市绿色建筑标识项目奖励资金申报

为确保通过绿色建筑运行标识项目无建筑质量、能耗超额、物业管理投诉等方面的问题，负责绿色建筑管理的市住建委科技发展促进中心，将通过北京市绿色建筑运行标识评审的项目信息发送至负责能耗限额管理的市住建委节能建材处进行项目能耗限额相关信息核验，并将核验结果作为最终授予绿色建筑标识的前置条件。

3. 进一步明确公共建筑能耗限额管理对象

《北京市民用建筑节能管理办法》规定"民用建筑使用中的节能责任由所有权人、运行管理人、使用人按照规定或者约定承担，没有规定或者约定的，由所有权人承担。"

《北京市公共建筑电耗限额管理暂行办法》规定"本市公共建筑电耗限额管理的考核对象为电力用户，即与电力公司结算电费的建筑所有权人、所有权人委托的运行管理单位或者建筑物实际使用单位等。"

针对公共建筑能耗限额管理工作中出现的责任推诿情况，市住建委在2016年9月2日召开的公共建筑能耗限额管理调度会上进一步明确产权单位、物业运行管理单位、使用单位三者均为公共建筑能耗限额管理对象，限额管理工作具体执行单位的确定及其内部的指标分解工作由三家单位协商解决。

2.6.3 启动超限额20%公共建筑能源审计与大型公共建筑能源利用状况报告

1. 超限额20%公共建筑名单的确认

2016年5月17日，市住建委组织召开公共建筑能耗限额管理工作调度会，委节能建材处、节能建材办、信息中心以及北京建筑技术发展有限责任公司、清华大学、中国建筑科学研究院建研科技公司等单位相关负责人参加了会议。会议就当前推进公共建筑能耗限额管理工作存在的问题进行了认真研讨。

会议决定立即开展2014年及2015年超限额20%公共建筑名单的确认工作，并确定了如下工作原则：

（1）在确定超限额20%公共建筑名单时，单位建筑面积能耗指标可参照相关行业标准的要求；

（2）电力公司返回逐月电量不全的建筑不纳入此次发布的超限额20%公共建筑名单；

（3）用电性质为大工业的厂区内公共建筑，如用电没有单独结算，则不纳入考核对象。

全市公共建筑2014年和2015年用电量考核结果显示，连续两年超限额20%的限额管理对象共计493家。其中，公共机构293家，36家移交国管局、7家移交中直机关、250家移交北京市发改委根据相应法规进行后续处理，见图2-28。另外200家由技术支撑单位进行通知确认，最后共计151家连续两年用电超限额值20%以上的公共建筑在北京市住房和城乡建设委员会官网公示。

2. 启动超限额20%以上公共建筑能源审计工作

根据《北京市公共建筑电耗限额管理暂行办法》（京建法〔2014〕17号），对于超限额20%的电力用户，市住建委可责令其所有权人实施能源审计，将审计结果报送市、区住建委，并依据能源审计结果加强节能管理和实施节能改造。对于连续两年超限额20%的电力用户，市住房城乡建设执法部门将依据《北京市民用建筑节能管理办法》对用能单位责令改正并处3万元以上10万元以下罚款。

考虑到公共建筑电耗限额工作刚刚起步，2016年市住建委仅对2014及2015年连续两年超限额20%以上的业主单位提出了能源审计的要求，并对上述151家单位在市住建委官网进行了公示。市住建委联合市发改委发布《关于加强我市公共建筑节能管理有关事项的通知》（京建发〔2016〕279号），详细规定了能源利用状况报告和能源审

图 2-28　公共机构所属公共建筑电耗限额执行情况考核结果移交函

计的相关事宜。同时技术支撑单位编制了能源利用状况报告和能源审计实施方案，并对提交的审计报告进行了数据汇总、分析和校准编制了能源审计结果综合分析报告。并对审计单位后续的节能改造进行跟踪。

（1）能源审计对象

2014 及 2015 年连续两年超限额 20% 以上的业主单位为能源审计对象。对于电耗限额指标有异议单位，市住建委明确其可补充计算单位面积电耗并与《民用建筑能耗标准》GB/T 51161—2016 的约束值比较。超过约束值的建筑应继续进行能源审计，小于等于约束值的建筑可暂不进行能源审计。其余涉及电耗限额指标申诉的建筑均可做类似处理。

北京市各区 2014 及 2015 年连续两年超限额 20% 以上的公共建筑数量分别为：东城区 17 个、西城区 8 个、朝阳区 53 个、海淀区 16 个、丰台区 13 个、石景山区 2 个、房山区 7 个、通州区 8 个、顺义区 9 个、大兴区 6 个、昌平区 4 个、平谷区 1 个、延庆区 1 个、密云区 1 个以及北京经济技术开发区 3 个。

需进行能源审计的公共建筑的产权单位或运行管理单位，若与市、区发展改革部门要求进行能源审计单位重复的，可将审计期为同年的《能源审计报告》提交至市、区住房城乡（市）建设行政主管部门，不必重复进行能源审计。

（2）能源审计标准

能源审计依据《公共建筑能源审计技术通则》DB11/T 1007—2013 中的"简单审计"标准执行，见图 2-29。

（3）能源审计机构

按照"满足条件、自主选择"的原则，各被审计单位自主选择能源审计机构。

（4）未按期开展公共建筑能源审计工作的执法

由科研所牵头对连续两年超限额 20% 公共建筑产权单位开展能源审计工作的告知及相关文书的送达工作，由执法大队协助起草《公共建筑能源审计告知书》。自告知书批准后 7 日内由各区住建委节能管理部门协助送达连续两年超限额 20% 的公共建筑业主。当事人逾期未开展能源审计的，各区住建委节能主管部门统一将前期告知、送达手续、超能耗证明材料等资料汇总至科研所并移交执法大队依法查处。

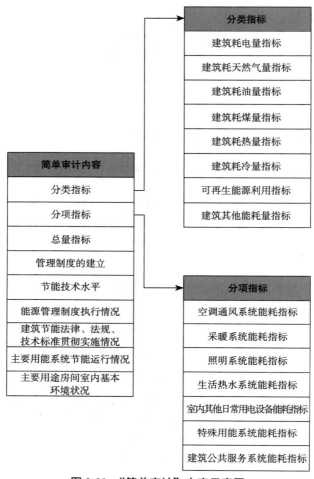

图 2-29 "简单审计"内容示意图

3. 启动公共建筑能源利用状况报告工作

根据《北京市民用建筑节能管理办法》（北京市人民政府令第 256 号）规定：本市建立公共建筑能源利用状况报告和能源审计制度。大型公共建筑的所有权人应当每年向市住房城乡建设行政主管部门报送年度能源利用状况报告。

现行大型公共建筑能源利用状况报告包括内容如表 2-8 所示：

大型公共建筑能源利用状况报告内容   表 2-8

序号	内容	备注
表 1	填报单位基本信息，建筑信息，建筑电耗限额管理信息	必填项

续表

序号	内容	备注
表 2	能源消费结构表	必填项
表 3	各系统总能耗	选填项
表 4	主要用能设备	选填项
表 5	存在的问题及经验	必填项
表 6	技改项目及改造计划	必填项
表 7	超限额原因说明	如单位实际用电量超过电耗限额，表 7 为必填项

2.7　总结

本章对北京市 2013 ～ 2016 年实施公共建筑电耗限额管理的实践足迹进行了记述。北京市公共建筑电耗限额管理作为超大城市治理体系的一个组成部分，提出了具有地方特色的限额管理"北京方案"，并在加强城市精细化管理上下功夫，以精治为手段，以共治为基础，以法治为保障，积极构建有效的治理体系，不断完善公共建筑电耗限额管理，从限额管理对象基础信息采集核查、限额指标下达与考核，向超电耗限额建筑的能源审计和后续节能改造工作不断纵深推进，初步奠定了公共建筑电耗限额管理的良好格局。

第3章　公共建筑电耗限额管理的技术支撑

为控制公共建筑用能，北京市以公共建筑用电量为切入点，采集公共建筑电耗信息，形成电耗限额管理"大数据"，建立了北京市公共建筑能耗限额管理信息系统。并基于此"大数据"和能耗限额管理系统，制定"用能红线"（限额），形成对公共建筑进行考核及对用能优秀或"超红线"建筑实行奖惩的机制。本章基于北京市公共建筑能耗现状的分析以及对近两年北京市公共建筑能耗限额管理的政策发展、实施方案与实施效果的研究，从建筑基础信息与电力数据的采集、信息系统建设、数据处理与分析、限额制定与考核及调整等多方面，总结近年北京市公共建筑能耗限额管理工作中的技术性研究与探索。

公共建筑能耗限额管理需要依据采集的公共建筑数据进行能耗限额指标的测算，能耗限额管理过程中能耗限额管理统计报表的报送、公共建筑能耗限额指标调整申请受理、公共建筑能耗限额年度考核、公共建筑能耗限额指标通知书的下发和公共建筑能耗限额考核不合格用户的通告与公示等均需依托能耗限额管理信息系统开展。

其中，采集的建筑数据，包括建筑基本信息与能耗数据（目前仅为电耗数据），是支撑公共建筑能耗限额管理的核心要素，几乎所有工作都依托数据展开，如图3-1所示。经北京市房屋全生命周期管理信息平台、建筑用户、北京市电力公司等途径采集数据，并存储到北京市公共建筑能耗限额管理信息系统数据库；后经过整合、清理、统计与挖掘等一系列数据处理与分析过程，数据可用于制定能耗限额、进行能耗限额调整、考核能耗限额指标以及探索能耗定额；经处理、分析及考核后的数据，可通过北京市公共建筑能耗限额管理信息系统的平台前端，进行可视化、查询与签收、公示及报告等；最后，相关建筑用户依据上述所有信息，制定不同的节能改造方案、开展能源审计等工作，达到建筑节能的目的，也正实现了北京市公共建筑能耗限额管理工作的初衷。同时，可将能源审计以及节能改造后的建筑数据反馈至系统数据库，验证节能效果，并进一步指导长期的建筑能耗限额管理工作。

在北京市公共建筑能耗限额管理的数据流线中，主要涉及了基础信息数据的采集、信息系统建设（数据平台）、数据处理与分析技术以及能耗限额制定与考核等四方面技术措施，如图3-1所示。本章将从上述四方面详细介绍2014～2016年期间北京市公共建筑能耗限额管理工作实践中的技术研究与探索。

3.1　规范数据采集　奠定信息基础

数据采集工作是建筑能耗限额管理工作的基础，数据的覆盖面、全面性和准确性均会影响到后续能耗限额制定与考核工作的效率和合理性。因此，数据的来源及采集方法是数据采集工作的重点，需要加以规范。

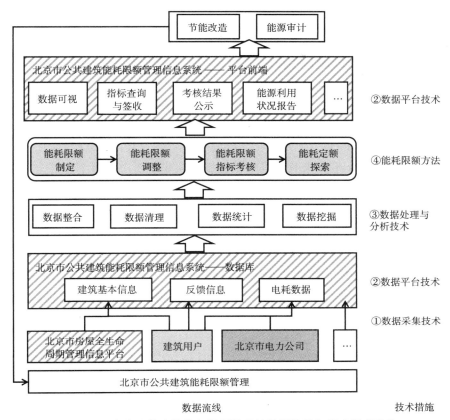

图 3-1　北京市公共建筑能耗限额管理的数据流线与相应技术措施

3.1.1　数据源的选取

公共建筑能耗信息采集包括公共建筑房屋基础信息采集、公共建筑电力用户信息采集和公共建筑用电信息采集。其中，公共建筑基本信息包括建筑名称、建筑地址、建筑年代、建筑面积、建筑使用功能等，电耗信息指电力能源消耗情况。按照"工作方案"规定的原则,公共建筑限额管理实施的范围要覆盖全市 70% 以上面积的公共建筑，因此信息源必须具有广泛的覆盖面。

首先，根据能耗限额管理工作的需要，明确公共建筑的定义、栋的定义以及类型的划分。

（1）公共建筑的定义

目前通行的建筑分类方法将建筑分为工业建筑和民用建筑两大类，其中民用建筑又分为居住建筑和公共建筑两类。然而，居住建筑、公共建筑、工业建筑这三者之间的界限并不是截然分明的，而是存在一定的掺混。依据相关政策，居住区必须配建一定比例的公共服务设施（配套公建），而工业区内工业建筑和公共建筑也可能在一栋建筑内共存，这增加了利用房屋全生命周期管理信息平台筛选公共建筑的难度。

1）居住建筑配套

目前，北京市居住区配套公建包括教育、医疗卫生、文化体育、商业、服务、社区管理服务、社会福利、交通和市政公用等 8 类（详情参见《北京市居住公共服务设施配置指标》京政发 [2015]7 号）。该 8 类配套公建中除教育类项目（如幼儿园、学校等）通常单独建设外，其他项目通常附建于住宅楼内，以底商的形式存在。

2）工业区内公共建筑

对于工业区内公共建筑，在开展公共建筑能耗限额管理工作时，参照了《公共建筑节能设计标准》DB11/687 中的说明，按下列方法处理：

①附建在工业厂房的非工业部分（如办公等），其面积占整个建筑面积的比例小于 30%，且面积小于 1000 平方米时，可不单独按公共建筑要求，整个建筑全部按工业建筑对待；除此以外均按综合建筑考虑，非工业部分按公共建筑要求。

②独立的变电站，尤其是城市变电站归入工业建筑；锅炉房属于动力站（只有占面积很小的休息室），也归入工业建筑；独立的通信设备机房属于工业建筑。其他依次类推。

（2）栋的定义

由于本项目采用房屋全生命周期管理信息平台作为公共建筑基础数据的来源，因此在"栋"的定义上必须与该平台保持一致。房屋全生命周期平台中的"栋"来自于房产测绘中的划分，其依据是国家和北京市的房产测量规范，所划分的"栋"并不一定等于单体建筑。

以北京某建筑为例，如图 3-2 所示，该建筑从地面上看由两个独立的单体建筑构成，分别是位于东侧的 A 座和位于西侧的 B 座和 C 座。A 座和 B 座由一条道路分开，B 座和 C 座由裙楼连为一体，呈两座三塔的形态。该建筑在房屋全生命周期管理信息平台中被按照功能类型及塔、裙形式拆分成了 5 栋，从西至东依次被命名为：某区某号院西区酒店（宾馆建筑），西区裙房（商业建筑），西区写字楼（办公建筑），东区裙房（商业建筑），以及东区写字楼（办公建筑）。

图 3- 2　北京某建筑实景

（3）公共建筑类型的划分

房屋全生命周期平台中的房屋类别信息基本依据 2007 年全市房屋普查分类方法，

房屋类别分为住宅和非住宅两类。非住宅（也就是公共建筑）包括的房屋用途有办公、商业、工业仓储、车库、人防、其他、综合 7 类；住宅包括的房屋用途有别墅、公寓、普通住宅 3 类。然而，房屋用途是在房屋测绘时按套填写的信息，用途的填写并没有标准可依，具有一定的随意性。根据全生命周期平台导出数据分析，在办公、商业、其他、综合四类下房屋用途共有 2697 种。

　　这种分类不利于对能耗特征差异进行有效划分，不能满足限额需要。因此，根据房屋用途信息，对建筑类别进行 2 次重新划分：

　　（1）依据房屋用途，将房屋全生命周期平台中的 2697 种建筑划分为以下 27 类：（按照小用途划分类别）研发试验、餐饮、体育场馆、商场超市、社区管理服务、其他、仓储库房、社会福利用房、休闲娱乐、宾馆饭店、商业、会议、邮局、交通、公共服务用房、办公、学校、医院、银行、设备用房、文化场馆、工业、市政环卫、综合、消防用房、车库、人防。

　　（2）参照建筑领域的建筑划分方法，将此 27 类归为办公建筑、商场建筑、宾馆建筑、文化建筑、医疗建筑、体育建筑、教育建筑、科研建筑、综合建筑和其他建筑 10 类。其中，办公（写字楼）、商场、宾馆是三类商业性质的建筑，科教文卫体是五类常见的事业单位建筑，上述功能的混合体是综合建筑，无法分入上述类别的为其他建筑。另外，行政办公建筑没有单独列为一类，其与商业办公统称办公建筑。

　　然后，基于所给出的公共建筑定义及类型划分，确定各项信息的采集源。

　　（1）公共建筑房屋基础信息采集

　　公共建筑房屋基础信息采集主体是北京市住房和城乡建设委员会。近年来，市住建委曾组织开展了建筑能耗统计、能源审计、大型公建能耗动态监测等工作，但因所覆盖的公共建筑数量达不到 70% 以上面积的覆盖面，因此，针对限额管理工作需选择、补充新的数据源。

　　北京市于 2007 年开展了全市范围的房屋普查工作，普查的主要内容是：以栋为对象，全面调查全市国有土地上各类房屋总量、分布、权属、使用情况；调查楼栋的物理状况，具体包括坐落、层数、建筑面积、竣工日期、房屋结构、房屋用途、住宅成套情况、住宅套数等；以户为对象，抽样调查本市住宅的使用情况、居住人口状况和住房需求状况。

　　2008 年，北京市住房和城乡建设委员会以房屋普查数据为基础，建立了大型 GIS 系统——北京市房屋全生命周期管理信息平台（详见 3.2 节），此后，又进行了房屋测绘数据修补测和房屋全生命周期管理信息平台的二期开发，通过将普查数据与测绘、交易、权属、拆迁等业务数据关联，实现了覆盖全市国有土地范围内房屋数据的动态更新。

　　以房屋全生命周期管理信息平台为依托，可开发满足市住建委内各业务处室不同需求的信息服务功能。因此，可将北京市房屋全生命周期管理信息平台作为信息采集工作中公共建筑房屋基础信息的数据来源。利用房屋全生命周期管理信息平台数据实施公共建筑电耗限额管理，首先需要解决的问题是如何从全市房屋基础数据中筛选出应实施能耗限额管理的公共建筑房屋基础信息。

（2）公共建筑电力用户信息采集

电力用户信息采集的实施主体是公共建筑的产权单位、使用单位或物业管理单位，组织主体是各相关区县政府及其所属乡镇政府、街道办事处。组织主体负责将公共建筑能耗限额管理基础信息采集表发送到实施主体。在电力用户信息采集过程中，为了便于填报工作，将公共建筑能耗限额管理基础信息采集表设计成非常简单明了的表格，并在"北京市公共建筑能耗限额管理基础信息采集表填报指南"中对各填报项目进行了详细说明，实施主体按照指南进行填报简单易行。

（3）公共建筑用电信息采集

公共建筑用电信息的采集主体是国网北京电力公司。北京市住房和城乡建设委员会为了做好公共建筑电耗限额管理工作确定了技术依托单位，由其负责解决公共建筑能耗限额管理基础信息采集表填报中各方主体遇到的技术问题。并且，由技术依托单位将填报合格的采集表中的电力用户信息上传到国网北京电力公司。然后，由国网北京电力公司采集公共建筑用电信息，将其并入北京市公共建筑能耗限额管理系统，必要时可到建筑所在地现场核对公共建筑信息与能耗信息。

3.1.2 数据采集方法

现阶段，北京市公共建筑能耗限额管理信息系统已上线，并在持续更新完善中。为确保基础数据的准确，大量的信息采集与确认工作需要人工开展。根据所掌握的信息的特点，确定了以下数据采集工作原则：

1. 精确定位，按址索楼

房屋全生命周期管理信息平台具有大部分建筑的地址信息，并细化到所在的区县、街道（乡镇）。因此，在生成信息采集表时即将建筑地址信息、所属区县、街道信息包括在内，采集工作人员只需按照采集表上所填写的建筑地址上门进行采集即可。对于地址信息缺失或者根据地址信息难以定位的公共建筑，技术支撑单位将为区县数据采集工作人员提供房屋全生命周期管理平台查图和卫星图片定位的辅助定位服务。

2. 只填表号，不填电耗

考虑到数据的准确性、可靠性以及数据获取的便捷性，信息采集不要求填报单位填写电耗数据，只要求在信息采集表上填写清楚本栋建筑同电力公司进行结算的电力用户编号即可，为了保证填写的用户编号正确性，同时要求填报单位随信息采集表提交一份近三个月内的电力缴费通知单复印件。

3. 流水作业，并行推进

信息采集和限额下发工作涉及公共建筑信息采集、信息采集表审核、信息采集表录入、电力用户信息提取汇总与送达国网北京市电力公司、电力公司电耗数据反馈、电耗数据预处理、建筑及电耗对应关系及数据导入公共建筑能耗限额管理信息系统等多个环节。为了加快电耗限额下发的速度，将信息采集和限额下发工作分为若干批次，不同批次之间采用流水作业，并行推进的方法，同时，技术支撑单位为填报单位开通了远程审核信息采集表、在线及电话咨询等各种服务。

3.2　重视信息统筹　夯实平台建构

依托"北京市房屋全生命周期管理信息平台"，北京市公共建筑能耗限额管理信息系统可直接调用所有纳入房屋全生命周期管理信息平台的房屋的基本信息数据，避免了公共建筑房屋基本信息录入工作的重复。尽管现阶段两个平台尚未实现直接对接，仍需人工从房屋全生命周期管理信息平台中导出公共建筑房屋基本信息后上传至公共建筑能耗限额管理信息系统。但公共建筑房屋基本信息的来源统一，避免了因同一信息拥有多数据来源造成的数据交叉不匹配问题。

3.2.1　北京市房屋全生命周期管理信息平台

2008 年，北京市住房和城乡建设委员会以房屋普查数据为基础，建立了大型 GIS 系统——北京市房屋全生命周期管理信息平台，此后，又进行了房屋测绘数据修补测和房屋全生命周期管理信息平台的二期开发，通过将普查数据与测绘、交易、权属、拆迁等业务数据关联，实现了覆盖全市国有土地范围内房屋数据的动态更新。

以房屋全生命周期管理信息平台为依托，可开发满足市住建委内各业务处室不同需求的信息服务功能，便于将房屋全生命周期管理信息平台作为信息采集工作中公共建筑房屋基础信息的数据来源。

房屋全生命周期管理信息平台经过四期的建设，在整合了测绘、普查（修补测）、交易权属、房屋安全、住房保障等空间和业务数据的基础上，构建成北京市的房屋基础数据中心，可实现房屋基础数据的获取、处理与共享。2016 年，北京市住房和城乡建设委员会将公共建筑能耗信息模块整合到房屋全生命周期管理信息平台，实现了房屋信息与能耗信息的同步可视。通过业务应用平台，支持不同用户、不同业务需求的应用，可为委内业务处室、区县建委房管局、各委办局、住房和城乡建设部以及社会公众等提供决策支持和数据服务。

1. 房屋全生命周期管理信息平台特点

（1）海量数据，覆盖全市

房屋全生命周期管理信息平台涵盖了本市国有土地上各类房屋总量、分布、权属、使用情况等基本状况，包括 120 万个房屋 GIS 图元、8000 多个三维精细模型、1042 万套房屋基础数据，数据信息量超过 2.5 亿条，如图 3-3 所示。

（2）无缝对接，动态更新

房屋全生命周期管理信息平台与测绘备案系统、交易权属系统、存量房交易等系统无缝对接，实现了房屋基础数据动态更新，每日更新数据约 549 万条（部分表全量更新）。

（3）统一编码、统一标准

通过为房屋编制唯一房屋编码（身份证号），串联起房屋买卖、登记、物业管理、安全维修等业务信息，解决不同业务系统中房屋唯一性的问题，确保购房人放心买卖，安心使用。

图 3-3　房屋平台首页 GIS 图元展示

（4）市区两级共享协同

房屋全生命周期管理信息平台为区县提供测绘、交易权属、存量房、房屋安全鉴定、工程基础、房屋现状等空间数据，区县也可将产生的物业、设施设备、经纪门店、从业人员、应急防汛等数据回传给平台，实现了市区两级数据共享和业务协同，为市场监管建立了长效数据联动更新机制，如图 3-4 所示。

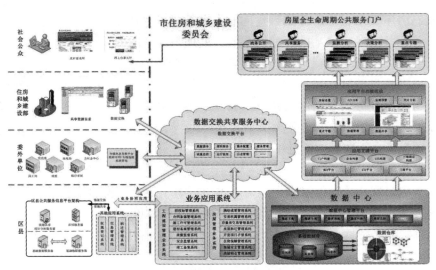

图 3-4　市区两级、共享协同机制

2. 房屋总量情况分析

在房屋普查的基础上，通过普查信息与测绘备案信息关联，实时掌握全市房屋总量及新增情况；与拆迁信息关联，实时掌握全市房屋灭失情况。

3. 地图服务

利用全市电子政务地图，以二维、三维的方式逐级展示全市房屋信息。目前，平台包含约 120 万个房屋图元、8000 多个三维模型、1042 万套房屋基础数据，以及房屋基础图和遥感影像信息，覆盖面广、信息准确，为实现以图管房奠定了基础，如图 3-5 所示。

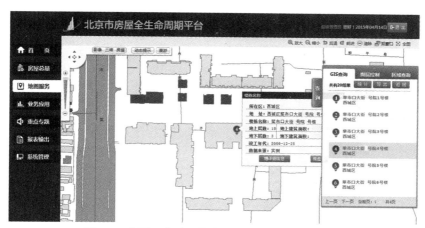

图 3-5　房屋平台地图服务展示——楼栋 GIS 查询

4. 业务应用

从房屋全生命周期管理的角度出发，按照项目前期、施工过程、交易权属、房屋保有期四个阶段，对每个阶段项目审批的数量、规模等进行实时监测，可实现对房屋全生命周期的全过程监管，如图 3-6 所示。

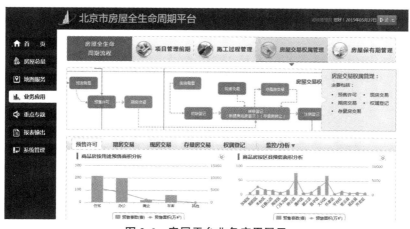

图 3-6　房屋平台业务应用展示

5. 重点专题

以专题图和专题分析为基础，展示市场热点及业务专项。2016 年，将公共建筑能耗数据可视化纳入重点专题，如图 3-7 所示，依托房屋全生命周期平台，实现了全市总能耗信息、建筑能耗查询、多建筑能耗对比和能耗报警等与建筑信息的同步展示。

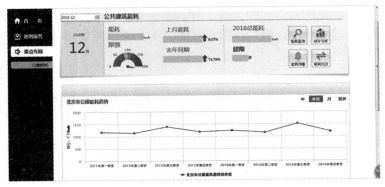

（a）全市总能耗信息

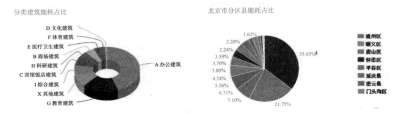

（b）各类建筑、各分区能耗占比统计

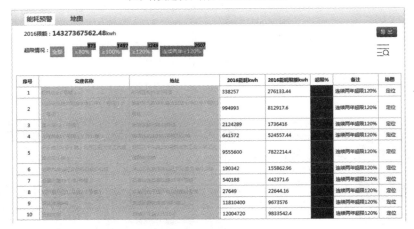

（c）建筑能耗预警

图 3-7　房屋平台重点专题——北京市公共建筑能耗数据展示

3.2.2　北京市公共建筑能耗限额管理信息系统

依据北京市人民政府办公厅关于印发北京市公共建筑能耗限额和级差价格工作方案（试行）的通知（京政办函 [2013]43 号），2014 年，北京市将全市 70% 以上面积的公共建筑纳入电耗限额管理，条件成熟后逐步扩展到综合能耗（含电、热、燃气等）限额管理。

此外，根据 2014 年发布实施的《北京市民用建筑节能管理办法》（市政府令第 256号），北京市建立公共建筑能源利用状况报告制度，大型公共建筑的所有权人应当每年向市住房和城乡建设主管部门报送年度能源利用状况报告，能源利用状况报告的报送也需依托本平台。

基于上述背景，北京市住房和城乡建设委员会研究开发了北京市公共建筑能耗限额管理平台，如图 3-8 所示。该平台具备以下特点：实现与房屋全生命周期平台房屋基础信息和市电力公司用户信息的数据采集和共享，以此制订大型公共建筑能耗限额；实现建筑及能耗信息结合地理信息系统（GIS）的展示；实现公共建筑能源利用状况报告的报送和审查；进行数据的集成分析和节能监管，全方位保障北京市建筑节能工作的可持续发展，为公共建筑所有权人（或运行管理单位）在线填报建筑信息以及市、区能耗限额管理部门实施能耗限额管理提供技术平台。该平台是北京市住建委在建筑节能领域中服务、管理、统计、分析、决策和节能检查的重要工具。

图 3-8　北京市公共建筑能耗限额管理信息系统登录界面

此外，建筑能耗限额管理平台实现了 10 大系统功能，包括系统管理、建筑信息管理、电力信息管理、统计分析、指标查询、指标签收、信息报送、考核及公示、能源利用状况报告以及 GIS，如图 3-9 所示。

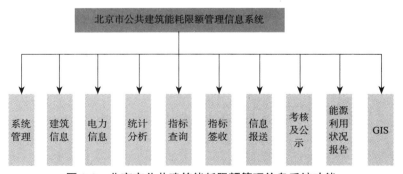

图 3-9　北京市公共建筑能耗限额管理信息系统功能

其中，"系统管理"包括对公共建筑用户信息管理及维护，用户登录信息管理及登录权限管理；"建筑信息管理"和"电力信息管理"，主要是展示、管理和维护来自房屋全生命周期管理信息平台的公共建筑房屋信息和市电力公司电力平台的公共建筑电耗数据，如图 3-10 所示。

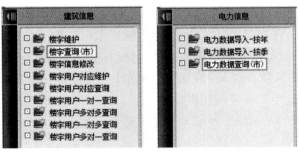

（a）建筑信息功能　　　　　　　　（b）电力信息功能

图 3-10　建筑信息和电力信息管理功能

"统计分析"涉及不同区域规模内的定期总量统计功能，包括各街道按月、季度、年度的电耗总量统计，各区按月、季度、年度的电耗总量统计，和不同类别建筑按月、季度、年度的电耗总量统计；以及能耗排序功能，包括单位建筑面积电耗排序、单位建筑面积电耗最低的 5% 建筑名单和单位建筑面积电耗最高的 5% 建筑名单，如图 3-11 所示。

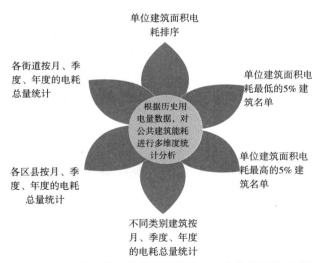

图 3-11　北京市公共建筑能耗限额管理平台的统计分析功能

"指标查询"主要是指针对各建筑的电耗限额值的查询；"指标签收"可帮助主管部门向用户下达电耗限额指标，用户进行签收并可对指标值提出异议和递交指标值调整申请；"信息报送"为用户提供电耗数据上报及主管部门审核的入口；"考核及公示"可发布限额指标完成情况以及相应的法规政策落实情况；"能源利用状况报告"为用户向主管部门上报年度能源利用状况报告提供入口。

建筑能耗限额管理平台同样提供 GIS 功能，将建筑与能耗信息与地理信息系统相结合，实现地理信息地图的多维度展示与查询，并将建筑能耗数据及预警信息直观展示于地图上，如图 3-12 所示。其中，地图上建筑不同的颜色代表不同程度的超限额水平。

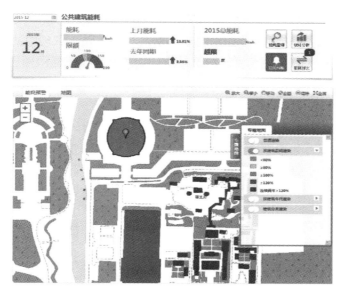

图 3-12　基于 GIS 的建筑与能耗信息及预警可视

3.3　融合平台数据　剖析电耗特征

目前，公共建筑能耗限额管理平台在持续不间断地接收建筑的电耗数据（将来计划拓展到热耗、气耗和水耗等数据，以下均以电耗数据作为案例），由于数据量较大，若仅在每年年底对所有一年的数据进行年度分析，不仅人工工作量大；且会有数据错误、缺漏等问题，很可能会因未能及时发现问题而导致相应的数据失效，同时也增加了工作人员核查数据的难度和工作量。因此，应采取合适的数据处理与分析技术，分阶段对采集数据进行整合、清理、分析诊断，并排除异常值；将年度数据分析与故障核查工作分散到各月，以及时核查和发现问题，合理分摊人工工作量。

对大量或海量的数据进行处理与分析，除了采用常规的统计分析的方法，还可采用近年较为流行的"数据挖掘"技术。在大数据领域，数据挖掘被视为"数据中的知识发现"的同义词，或说数据挖掘是知识发现的一个基本步骤。知识发现过程如图 3-13 所示，由以下步骤的迭代序列组成：

（1）数据采集

采集与能耗相关的数据，如能耗限额管理工作中所需的建筑基本信息与电力信息采集，这在第 3.1 节中已做了相关介绍。

（2）数据预处理

根据实际数据处理的需要，可包括数据融合、数据清理和数据变换等过程。其中，通过数据融合过程，将不同的数据源的数据通过一定的方法进行融合，形成数据库；数据清理，主要是对目标数据进行缺失值、噪声处理及数据集成等；数据变换则是把清理后的数据变换和统一成适合挖掘的方式，不同的数据挖掘算法通常要求不同的数据变换形式。

（3）数据挖掘

使用智能方法提取隐藏在数据中的数据模式，能耗限额管理中的智能方法主要涉及机器学习和数理统计；数据模式可包括建筑的用能特征，能耗限额或定额特征，能耗特征与建筑物用能系统及用能行为等关联特性等内容。

（4）模式解释与评估

根据某种指标或指标体系，对所提取的数据模式进行解释和评估，并可视化展示所挖掘的知识或结果，如建立信息系统对外公布限额、展示建筑能耗信息及用能特征等。

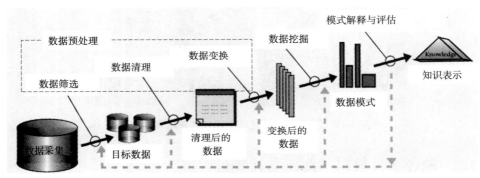

图 3-13　数据挖掘过程示意图

3.3.1　建筑与电耗数据的融合

目前，北京市公共建筑能耗限额管理信息系统的数据主要来源于北京市房屋全生命周期管理信息平台和北京市电力公司数据系统。其中，北京市房屋全生命周期管理信息平台以"建筑编号"为数据识别标识，为能耗限额管理信息系统提供公共建筑房屋基本信息；电力公司以"电表编号"为数据识别标识，为能耗限额管理信息系统提供建筑电耗数据。开展电耗限额指标制定与考核的基本工作，是对这两个源头的数据进行整合。

1. 以"组号"为标识的思路

由于北京市房屋全生命周期管理信息平台和北京市电力公司数据系统属于不同部门体系、具有不同的功能，在数据的更新上并无互联互通机制。因此，当各平台的数据汇总于"能耗限额平台"时，会出现因识别标识的不同造成不同的数据映射，除了"一楼对一表"，还包括"多楼对一表"、"一楼对多表"以及"多楼对多表"等多种形式，如图 3-14 所示。为能够开展建筑能耗限额相关计算，在"北京市公共建筑能耗限额管理信息系统"搭建之初，项目组引入了"组号"的概念，将有相关关联的建筑与电表建成"组"参与电耗限额计算。该组建筑消耗的总电量为组内各计量仪表的读数之和，电耗强度则为总电量与该组内所有建筑面积总和的比值。

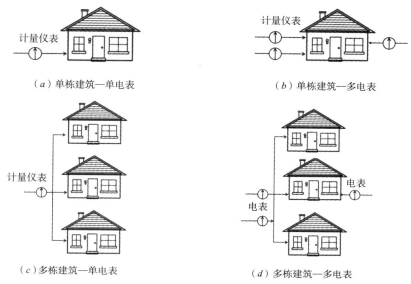

（a）单栋建筑—单电表　　　　　　　（b）单栋建筑—多电表

（c）多栋建筑—单电表　　　　　　　（d）多栋建筑—多电表

图 3-14　建筑编号与电表编号的不同映射关系示意图

　　"组"将"建筑编号"和"电表编号"无法一对一映射的相关建筑"捆绑"为一个整体，从而对该整体进行能耗限额指标考核，有效规避了建筑与电量映射不清问题。然而，"北京市公共建筑能耗限额管理信息系统"的管理与考核的对象均是建筑单体，如果多栋建筑被"捆绑"为一体进行考核，则会出现"奖励优秀与惩罚超额"的责任体不明，造成考核力度不够、奖惩工作难以落实到位。此外，同一组内可能存在多种类型的公共建筑，被"捆绑"后是无法区分的，而统计分析及将来可能的限额与定额相结合的"划红线"方式，均要求建筑的类型是清晰的。

　　此外，"北京市公共建筑能耗限额管理信息系统"的能耗数据以后将由电耗数据逐渐拓展到热力、燃气等能源消耗数据，以及接入物业管理信息系统及地理信息系统（GIS）等，建筑与各类数据的映射将会越来越复杂。若仍按上述"组"的概念，将所有相关联的数据"捆绑"为一个整体，则每个"组"将会越来越交叉、庞大和复杂，如表 3-1 所示，最终难以拆分、无法区分考核对象。

多平台数据复杂映射关系示意　　　　　　　　　　　　　表 3-1

建筑编号	电表编号	热力编号	燃气表编号	……
11010……000600		001……111		
11010……000900	000……522			
11010……000500		001……112		
11010……00070	000……523			

可见，以"组"为识别标识，并不是最理想的数据融合方式。实际上，由于"建筑"是所有平台的最底层的数据载体，若能通过合理的假设对多样映射进行拆分，实现以"建筑编号"作为唯一的标识，作为各平台间的数据传输纽带，则可实现"北京市公共建筑能耗限额管理信息系统"与包括"房屋全生命周期管理信息系统"和"北京市电力公司数据系统"等在内的多平台间的无缝对接。

2. 以建筑编号为唯一标识的数学实现

基于业务拓展、建筑新建及业主变更等原因，建筑与电表会出现如表 3-1 所示的多样映射关系。同组内相关联的多个建筑，可能功能相同，也可能不同；但总体而言，建筑的面积越大，所消耗的能源通常也会越多。因此，可通过按建筑面积分配能耗的方式将"组"能耗拆分到组内各建筑上，实现建筑与能耗的一对一映射，如下式（3-1）所示：

$$E_{xi} = \frac{A_{xi}}{\sum_{j=0}^{n} A_{xi}} \cdot \sum_{k=0}^{m} E_{yk} \qquad (3-1)$$

式中　　　E_{xi}——i 楼的能耗值，包括所有可计量能耗；

A_{xi}——i 楼的建筑面积；

$\sum_{j=0}^{n} A_{xi}$——i 楼所在组的所有建筑面积之和；

$\sum_{k=0}^{m} E_{yk}$——i 楼所在组的所有计量表能耗值之和。

以图 3-15 中的"A组：多楼对一表"为例，根据式（3-1），各建筑对应的电量计算结果如图 3-15 所示。

多楼对一表　A组

建筑编号	电表编号	建筑编号	耗电量
11010⋯⋯000600(A1)		11010⋯⋯000600(A1)	$\frac{A1}{A1+A2+A3} \cdot E1$
11010⋯⋯000900(A2)	000⋯⋯522（E1）	11010⋯⋯000900(A2)	$\frac{A2}{A1+A2+A3} \cdot E1$
11010⋯⋯000500(A3)		11010⋯⋯000500(A3)	$\frac{A3}{A1+A2+A3} \cdot E1$

图 3-15　"多楼对一表"组内电量的拆分

这种方法仍需要首先建立能耗计量表编号与建筑编号对应关系，但优势在于：1）拆分组内建筑间的计量表关联，明确每栋楼的能耗值，理论实现建筑与能耗"一对一"映射；2）实质上仍是以"组"为单位计算限额及评价超限额，"一损俱损"，但责任落到各建筑，促进建筑分楼计量能耗工作的开展；3）采用同样的方法，可顺利接入其他建筑能耗数据，且不影响原有数据。

3.3.2　电耗数据的清理

将不同的数据源整合到同一个平台上后，即可对数据进行清理。数据清理的主要任务是检测与处理异常值。涉及公共建筑能耗限额管理工作的数据清理，主要是清理能耗异常值（离群值），即为找出能耗有误或很不同于大多数对象的过程。造成异常的原因，可能是能耗计量表、数据传输或存储发生故障，也可能是因为能耗值对应的建筑面积、功能等发生了变更。所以，在找出异常值后，应进行相关调研，分析异常原因，并及时做出调整；经过长期的类似异常分析工作，可总结归纳出各异常对应的原因排序，形成自主报警、通告机制。

异常值分为绝对异常值和相对异常值两种。其中，绝对异常值是指超出考察对象的物理意义上的数值，如建筑能耗值中的空值、零值和负值等。这类异常值可直接通过设置值阈进行检测。相对异常值是指该考察对象的值远不同于其他大多数考察对象的值，如能耗值远高于或远低于同类建筑的能耗值。对于建筑能耗异常值检测过程，可遵循如下步骤："绝对异常值剔除→数据标准化→异常点检测→散点图可视化"。通常，待分析的数据集样本空间的数据量会较大，因此，分析工作一般会通过编写 Python 程序完成。

1. 数据标准化

异常是相对的而非绝对，采用标准化的方法可将所有数据映射到一个无量纲化的测评区间，即所有数据及不同类别的数据转化到同一数据级、但相对关系不变，便于比较分析。本节所用的测评区间为 [−2，2]，可将电耗和单位面积电耗量分配到 4 个指标段："很低（−2）～偏低（−1）"、"偏低（−1）～一般（0）"、"一般（0）～偏高（1）"以及"偏高（1）～很高（2）"。假定 $minA$ 和 $maxA$ 分别是属性 A 的最小值和最大值，则 A 的值 a_i 被标准化为 a_i'，由式（3-2）计算：

$$a_i' = \frac{a_i - minA}{maxA - minA}(maxA' - minA') + minA' \qquad （3-2）$$

式中，$maxA'=2$，$minA'=-2$。

2. 异常点检测

异常点检测方法主要有统计学方法、基于聚类的方法和基于临近性的方法等 3 类：

（1）统计学方法通常假定数据由一个正态分布产生，利用数据与期望值的偏差大小识别离群点（最大似然检测或箱线图法），当离群点与正常数据相差较大、特别是数量级上的差别时，整体数据的期望和方差会有很大偏离，造成离群点无法识别或错误识别。

（2）基于聚类的方法，通过考察对象与簇之间的关系检测离群点：当一个对象归属于小的稀疏簇或不属于任何簇时，可被视为离群点，因此考察对象中离群点越多，聚类得到的簇也越多。然而，该方法要求提前给定簇的数量，如何给出合理的簇数值是一大挑战。

（3）基于临近性的方法，是通过考察各对象的邻域中的其他对象的个数来认定是否离群。北京市电耗数据的异常点检测采用了最后一种方法：

对于数据集 D，用一个距离阈值 r 来定义对象的邻域。对于每个对象 ω，考察 ω 的 r-邻域中的其他对象的个数。定义 1 个数比例阈值 τ，如果 D 中大多数的数据对象都远离 ω，即 ω 的邻域中数据对象的个数占 D 中数据总量的比例低于 τ 时，ω 可被视为一个离群点，即当：

$$\frac{\left|\{\omega\,|\,\mathrm{dist}(\omega,\omega')\leqslant r\}\right|}{|D|}\leqslant\tau \tag{3-3}$$

时，ω 为离群点。其中，$\mathrm{dist}(\omega,\omega')$ 为 ω 与另一数据对象 ω' 的欧式距离。在进行离群点检测时，逐个计算数据集中每个对象与其他对象之间的距离，统计该对象的 r-邻域中其他对象的个数。一旦在该对象的 r 距离内找到 $\tau\cdot|D|$ 个其他对象，即可判断该对象不是离群点。

向量 p $(p_1, p_2, \cdots, p_m)$ 和向量 q $(q_1, q_2, \cdots, q_n)$ 之间的欧式距离 $d\,(p, q)$ 计算公式如式（3-4）所示：

$$d(p,q)=\sqrt{(p_1-q_1)^2+(p_2-q_2)^2+\cdots+(p_m-q_n)^2} \tag{3-4}$$

3. 异常值检测结果——散点图可视化

以 2016 年北京市某区的所有办公建筑电耗数据为例（314 个样本点），将所有电耗和单位面积电耗数据标准化到 [-2, 2] 区间后，用散点图表示如图 3-16 所示。其中，纵坐标为标准化后的能耗量（目前仅电耗)，而横坐标则为标准化后的单位面积能耗量（能耗强度)；每个圆点表示一栋建筑，红线为 $y=x$ 线。通常，建筑的能耗量与能耗强度越匹配，代表该建筑的圆点越接近 $y=x$ 线。

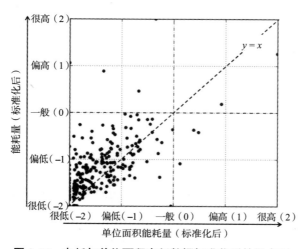

图 3-16　电耗与单位面积电耗数据标准化后的散点图

异常点经检测后，可直接在散点图上标示出来，如图 3-17 所示。可以看到，多数异常点是远离大部分数值点的，剩余部分异常点也因在其临近区域内的异常点数量小于阈值而被挑选出来。根据横、纵坐标的物理意义，可判断造成图中不同区域异常点的原因：

（1）左上角区域，能耗量高但单位面积能耗量低，可能是该建筑的录入建筑面积偏大，或实际运营规模已发生变化（如很多面积空置等）而尚未提交平台更新等造成；

（2）右下角区域，能耗量低但单位面积能耗量高，可能是该建筑的录入建筑面积偏小，或实际运行规模扩大（如新建建筑面积）、建筑功能变更而尚未提交平台更新等造成；

（3）右上角区域，能耗量和单位面积能耗量双高，可能是建筑本身的能耗过大，也可能是该建筑中包含了部分特殊功能用电（如数据机房等），导致能耗总量和强度均较高。

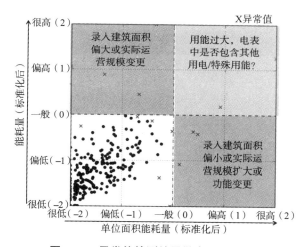

图 3-17　异常值检测结果散点图可视化

基于上述异常点检测技术，可按一定的频率（如每月或每季度等）对能耗数据进行筛查，从而对异常点进行跟踪调研，及时发现问题和更新平台数据，避免数据损失。为提高效率和减小人工工作量，今后可将该算法写入平台程序中，实现服务器端后台定期处理。

3.3.3　电耗数据的挖掘

在能耗限额管理工作中，数据的挖掘工作主要分为两类：一类是电耗情况的整体数据统计；另一类是单体建筑的用能特征分析。数据挖掘是指从大量的数据中通过一系列统计学方法、机器学习算法等搜索隐藏于其中信息的过程。通过数据挖掘，数据平台可以构建复杂的模型来表征数据和解释数据，并从中抽取有价值的知识，构成可支持查询、分析和计算的知识库。

1. 总体概况

数据统计主要是采用一些统计方法对数据进行统计与对比分析，帮助用户和决策者了解整体情况以及发展趋势，从而辅助制定节能方向与政策。最简单的统计方法是采用一系列的表格与图表进行数据统计。

根据北京市房屋全生命周期平台统计，截至目前，北京市公共建筑面积约为 3.17 亿平方米，2014 年城镇公共建筑电耗 308 亿千瓦时（折合标准煤 883.96 万吨），占全社会终端能耗 6831 万吨标准煤的 13% 左右。2013 年起，市住房和城乡建设委会同市发展改革委开展全市 3000 平方米以上公共建筑的电耗限额管理工作，目前已纳入电耗限额管理的公共建筑有 11370 栋，总建筑面积达 1.49 亿 m²，占全市公共建筑面积比例约为 47%。如表 3-2 所示，通过统计纳入北京市公共建筑能耗限额管理系统的各类建筑数量、面积及相应占比，可以看到，办公、教育及宾馆等 3 类建筑数量占据了近 60% 的比例。其中，空白分类表示建筑类型信息现阶段不全，有待进一步确认。

各类建筑数量和面积统计结果 表 3- 2

序号	类型	数量占比	面积占比
1	办公建筑	30.48%	34.75%
2	商场建筑	5.23%	8.29%
3	宾馆饭店	9.02%	9.15%
4	文化建筑	1.30%	0.88%
5	医疗卫生	3.61%	2.42%
6	体育建筑	0.92%	0.82%
7	教育建筑	17.94%	9.81%
8	科研建筑	2.07%	1.86%
9	综合	6.74%	11.18%
10	其他建筑	4.01%	2.87%
11	空白分类	18.68%	17.96%

2. 全市公共建筑电耗分析

以所有建筑为研究对象，可分别从不同功能建筑、不同区及不同季度等维度，分析建筑电耗及单位面积电耗的分布情况。受篇幅所限，以下仅介绍不同功能和不同季度公共建筑的电耗分析结果。

（1）不同功能公共建筑电耗分析

图 3-18 所示为 2016 年不同功能建筑的总电耗和单位面积电耗。虽然办公建筑的总电耗最高，但从单位面积电耗水平看，医疗卫生和科研建筑是最高的。

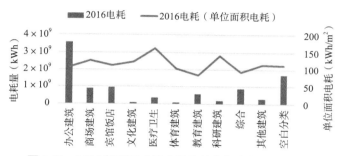

图 3-18 2016 年不同功能建筑的总电耗和单位面积电耗

图 3-19 用柱状图显示了 2013 ～ 2016 年不同功能建筑的用电趋势。可以看出：同一类建筑不同年份的总电耗差异并不大；在已知的 10 类建筑中（除空白分类外），办公建筑的总电耗要远高于其他类型，商场建筑、宾馆饭店及综合建筑电耗较为接近，且相较于其他类型建筑偏高。

图 3-19 2013~2016 年不同功能建筑用电趋势

图 3-20 所示为不同功能建筑对 2015 ～ 2016 年总电耗增长的贡献率。可以看到，办公建筑对总电耗增长的贡献最大，体育建筑最小。

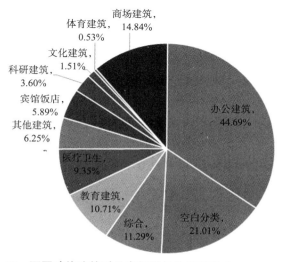

图 3-20 不同功能建筑对总电耗增长的贡献率（2015 ～ 2016）

（2）不同季度公共建筑电耗分析

按照夏天空调季为 5～9 月、冬天供暖季为 11 月～次年 3 月、过渡季为 4 月和 10 月统计不同季度的公共建筑的电耗量和单位面积电耗值。

图 3-21 所示为 2013～2016 年不同季度的用电趋势。可以看出：夏季和冬季的公共建筑总用电量相差不大；不同年份同一季度的总电量波动也不明显。

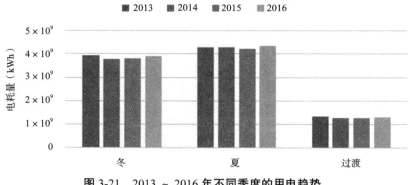

图 3-21　2013～2016 年不同季度的用电趋势

图 3-22 所示为不同季度对 2015～2016 年总电耗增长的贡献率。可以看出，夏季对总电耗增长的贡献率要远高于冬季和过渡季。

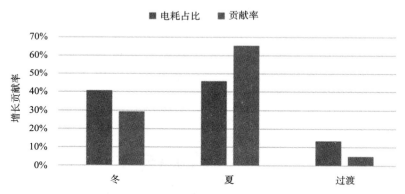

图 3-22　不同季度电耗占比及对电耗增长的贡献率（2015～2016）

3. 单体建筑用能特征挖掘与分析

对于北京市公共建筑能耗限额管理信息系统，每年都有大量的已有与新建公共建筑的能耗数据被收集与存储。基于如此规模的数据，可通过聚类、分类、关联规则分析等一系列数据挖掘算法，分析建筑用能的一系列潜在规律：哪些建筑在用能特征方面相似（聚类）；所有建筑的能耗特征可被归为几类（分类）；单个或单类建筑在不同月份、季度或年份的能耗模式（规律）是什么样的（模式提取）；某能耗模式由建筑的哪些特征决定（关联规则分析）等。

由于相关研究仍在进行中，本节基于 3.3.2 节的异常点检测结果，给出一个数据挖掘相关的简单案例。图 3-23 所示为剔除异常点后的办公建筑电耗散点图。以其中某栋建筑电耗为例（图中五角星标注）进行分析，该建筑秋季电耗处于同类建筑中的中等水平，而冬季则提升到了高能耗水平，超过了大部分同类建筑，因此其建筑节能改造的重点在于调整、改善冬季的用能结构。这一判断过程实际上是利用单栋建筑在同类型建筑中的能耗水平分布特征，分析其在不同季度的能耗变化规律，从而帮助其快速找到节能改造或能源审计重点。

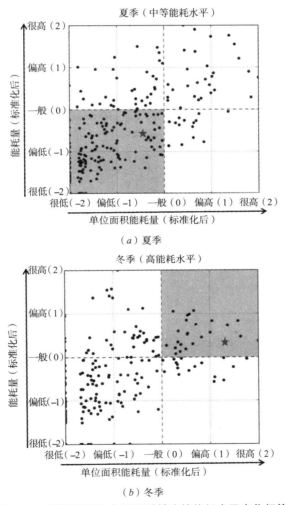

图 3-23　基于能耗散点图查看某建筑能耗水平变化规律

3.4　采纳科学体系　确保限额甄定

公共建筑能耗限额的制定需采用科学合理的方法。能耗限额相关技术涉及能耗限额的制定、能耗限额的调整、建筑能耗的考核以及能耗定额的探索。

3.4.1 公共建筑电耗限额的两种确定方法

1. 历史用电量法

所谓历史用电量法就是根据建筑过去几年的实际电耗数据，计算确定下一年度的电耗限额。这一方法的理论基础认为无论建筑的能效水平如何，总会存在节电的空间，其所有者也有节能的义务。该方法不必考虑建筑的用途、设备、营业额、税收等信息。与我国居民阶梯电价类似，尽管人均住房面积、家用电器多少等因素会影响到户用耗电，但是制度中均没有考虑这些因素对阶梯的影响。为简化实施，单个省市均做出了统一的规定，绝大部分省市第一档电量覆盖率都超过 80% 的居民户，部分地区超过 90%。同样，历史用电量法最大的优势也是简便易行。北京市在确定建筑的能耗限额时以建筑历史用电量为基础，正常运行超过 5 年（含）的公共建筑电力用户，2014 年至 2015 年限额指标为 2009 ～ 2013 年历史年用电量的平均值按照设定降低率下降一定数值，其计算可采用公式（3-5）：

$$E_0 = \frac{E_{1y} + E_{2y} + \cdots + E_{ny}}{n}(1-\vartheta) \qquad (3\text{-}5)$$

式中　　　　E_0——电表年度电耗限额指标；

E_{1y}、E_{2y}、E_{ny}——分别为被计量的建筑连续 n 年的电耗值，kWh；

n——限额建筑历史电量的年数；

ϑ——设定的能耗下降率。

对于历史用电量不满 5 年，但满 3 年的电力用户，以 2011 年的耗电量为基数，到 2015 年下降 12%。2014 和 2015 年的用电限额见表 3-3。

公共建筑 2014 和 2015 年电耗限额值与 2011 年电耗下降的比例　　　　表 3-3

判定标准	$E_{2013}/E_{2011} \leqslant 0.88$	$0.88 < E_{2013}/E_{2011} < 1$	$E_{2013}/E_{2011} \geqslant 1$
2014 年能耗限额	0%	（E_{2013}/E_{2011}−0.88）/2	6%
2015 年能耗限额	0%	（E_{2013}/E_{2011}−0.88）	12%

注：表中 E_{2013} 和 E_{2011} 分别表示能耗限额对象建筑 2013 和 2011 年的历史用电量。

对于历史用电量不满 3 年的电力用户，其用电限额参照同类建筑的能耗平均值。对于未按期填报基础信息的电力用户，其年度电耗限额参照同类建筑单位建筑面积电耗限额值较低的前 10% 的建筑的平均电耗水平确定。

2. 能耗模拟法

能耗模拟计算法根据建筑的类型、使用功能、围护结构保温状况、采暖空调、照明系统等特点并结合建筑能耗统计数据计算确定建筑应该达到的能耗水平，以此作为建筑运行的指导性指标。文献 [20] 通过对武汉 400 多栋公共建筑的能耗分析，得出了影响公共建筑能耗的主要因素。并按建筑功能，分别给出了其使用面积的能耗定额基数。

新建公共建筑没有历史电量，因此无法使用历史用电量法确定建筑的能耗限额。目前北京市还没有出台符合当地条件的能耗模拟限额确定方法，只能根据同类建筑类比的方法，对比类似建筑的历史用电量，确定其能耗限额。

3.4.2　定额和限额的选择

2011 年,《北京市公共建筑能耗定额、级差价格与实施体制机制研究》项目启动。计划通过该项目研究,在公共建筑中实行带有一定强制性的能耗定额和级差电价。然而,研究发现要确定公共建筑能耗定额实施难度很大。这是因为:

（1）影响公共建筑能耗的因素众多，每栋建筑都有其自身的特点：从大的方面来说，如建筑体量、建筑用途、暖通空调形式、工作人员数量、运行管理水平等；从小的层面来说，如饭店星级、入住人数、营业额等。要全面考虑这些影响因素，则定额指标分类过多，而在目前的统计数据和研究基础条件下，难以给出具体的定额分类和准确的电耗定额。

（2）即使能够制定出详细的定额方法，但因判定一个建筑的具体能耗定额的专业性要求非常强，且成本很高，不利于大面积推广。此外，定额的合理性和公平性也会受到一定质疑。

综上所述，以公共建筑的历史电量为基础，计算确定各公共建筑的电耗限额是当时条件下唯一经济可行的方法。该方法以用户为单位，不考虑各单体建筑用电的计量，也不考虑需达到新建建筑的节能要求和标准[21]。基于上述思路，2014 年，北京市住建委会同市发改委制定并印发了《北京市公共建筑电耗限额管理暂行办法》（京建法〔2014〕17 号），规定在现阶段采用自身衡量法根据历史电耗数据确定限额值，具体方法如图 3-24 所示：

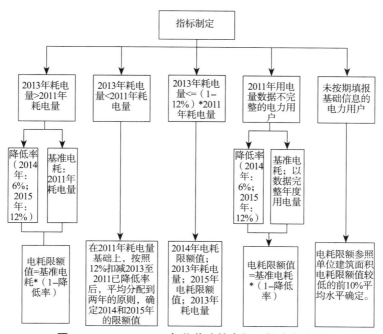

图 3-24　2014、2015 年公共建筑电耗限额确定方法

1）2013年耗电量比2011年增加的电力用户，2014年和2015年限额值在2011年耗电量基础上，按6%和12%降低率分别确定。

2）2013年耗电量比2011年降低的电力用户，在2011年耗电量基础上，按照12%扣减2013至2011已降低率后平均分配到两年的原则，确定2014和2015年的限额值。

3）2013年耗电量比2011年已经下降12%以上的电力用户，2014和2015年限额值均按2013年耗电量进行考核。

4）2011年用电量数据不完整的电力用户，限额计算以数据完整年度用电量为基准，2014年和2015年限额值在此基准上分别降低6%和12%。

5）对于未按期填报基础信息的电力用户，其年度电耗限额参照同类建筑单位建筑面积电耗限额值较低的前10%平均水平确定。

6）2016年以后年度的限额另行制定。

3.4.3 特殊情况下限额的调整

根据《北京市公共建筑电耗限额管理暂行办法》（京建法〔2014〕17号）的相关规定，2014年、2015年的电耗限额是依据2013年相对于2011年的耗电量变化趋势制定的。在尚未发布2016年的电耗限额值制定方案前，2016年的限额值仍沿用2015年的限额值，如有特殊情况，电力用户可对年度限额提出调整。

1. 限额调整的概况

在对2016年电耗考核期间，北京市住房和城乡建设委员会收到部分用户提交的纸质限额调整申请或审计报告。经过审核，针对不同的异议情况采用不同的限额计算方法（调整后的），最终将所有建筑案例分为以下三类：限额可调整、限额不可调整、限额不能确定，详细情况以及对应的数量（比例）如表3-4所示。

限额调整申请情况汇总   表3-4

限额是否调整	占总数量比例	异议情况	占该类数量比例	是否使用不同方法计算限额	是否考核
可调整	78.1%	①基准年用电量低	71.2%	是	
		②包括特殊用能	13.6%	是	
		③持续不稳定	15.3%	是	
不可调整	13.9%	①面积不符	4.8%	是	
		②包含公共机构	0.0%	是	
		③超过3家产权	38.1%	否	暂不纳入考核
		④电表包含其他用电	33.3%	否	暂不纳入考核
		⑤面积不足	23.8%	否	暂不纳入考核
不确定	8.0%	①对应关系有误	66.7%	否	暂不参与2016考核
		②产权、物业变化	33.3%	否	暂不参与2016考核

表 3-4 中，限额可调整的案例占到了提出异议用户总数的 78.1%，提出的异议包括基准年用电量低、建筑用电包含特殊用电及用电数据在 2011-2013 年间持续不稳定等 3 种；限额不可调整的案例占总数的 13.9%，涉及 5 种异议，其中"超过 3 家产权"、"电表包含其他用电"以及"登记面积不足"等因建筑基本信息有误暂不纳入考核；限额无法确定的案例占总数的 8.0%，涉及对应关系有误和产权、物业变化等 2 种异议，由于电力数据无法对应及责任人无法确认等原因，也暂不纳入 2016 年的考核中。

2. 限额调整计算方法

针对表 3-4 中限额可调整的①、②、③和不可调整的①、②的 5 种异议案例的限额调整计算方法，能耗限额管理部门探讨了 A、B、C3 种方案。

（1）方案 A：依据建筑自身历史用电量计算

依据历史用电量计算主要是按照《北京市公共建筑电耗限额管理暂行办法》（京建法〔2014〕17 号）和《民用建筑能耗标准》的相关规定进行调整，详情见表 3-5。

依据历史用电量计算的方法

表 3-5

情况	依据	计算方法
基准年用电量过低	限额调整按照《北京市公共建筑电耗限额管理暂行办法》（京建法 [2014]17 号）中对电力数据不完整电力用户的限额计算方法来调整	2016 限额值 = 用电正常或稳定年份的年平均电量 ×（1–12%）。注：稳定年份最早到 2013 年
包括特殊用能系统	限额调整按照《民用建筑能耗标准》中不对特殊用能系统限制的原则来确定	2016 限额值 = 基准年除特殊用能系统外的电量 ×（1–12%）+ 上一年度特殊用能系统电量
持续不稳定	限额调整按照《北京市公共建筑电耗限额管理暂行办法》（京建法 [2014]17 号）中对电力数据不完整电力用户的限额计算方法来调整	2013-2015 的年平均电量 ×（1–12%）
面积不符		限额值不变
包含公共机构		限额值不变

（2）方案 B：基于北京市同类型公建的平均单位面积电耗值计算

方案 B 以同类型建筑的平均电耗水平为依据，将其限额值定为建筑面积（实际用电面积）* 所属建筑类型的平均单位面积电耗。其中，不同建筑类型的平均单位面积电耗值，按照所有纳入能耗限额管理系统的公共建筑的 2015 年的电耗值经异常值剔除后的单位面积电耗值算术平均确定。

（3）方案 C：按照《民用建筑能耗标准》中不同建筑类型的约束值计算

方案 C 以《民用建筑能耗标准》中的约束值为依据制定电耗限额值，具体计算过程为：限额值 = 非特殊用能设备的用电面积（实际用电面积）× 所属建筑类型的约束值 + 特殊用能设备的电耗

不同类型建筑的单位面积年耗电量的约束值按照《民用建筑能耗标准》GB/T 51161—2016 中对寒冷地区的约束值为标准，见表 3-6。

GB/T 51161—2016 中寒冷地区不同建筑类型的约束值   表 3-6

建筑分类		非供暖能耗约束值[kWh/(m²a)]
办公建筑		80
旅馆建筑	三星级以下	100
	四星级	120
	五星级	150
商场建筑	大型百货店	140
	大型购物中心	175
	大型超市	170
	一般百货店	80
	一般购物中心	80
	一般超市	110
	餐饮店	60
	一般商铺	55
机动车停车库	办公建筑	9
	旅馆建筑	15
	商场建筑	12

注：若供暖形式热源形式包括热泵、空调，则约束值上升 30。

3. 三种限额调整方法计算结果

按照上述 A、B、C 三种限额计算方法对待调整案例进行了新限额的计算，并计算其 2015 年用电的超限额率，将超限额率分为四档：不超限额、超限额 20% 以下、超限额 20% ~ 100% 和超限额 100% 以上。对每一种异议情况分别计算在该种情况中四档超限额率的占比，结果见表 3-7。

A、B、C 三种限额计算方法的 2015 年超限额率结果   表 3-7

方案 A：依据建筑自身历史用电量计算 -2015 年				
异议情况	不超限额数量比例	超限额 20% 以下数量比例	超限额 20% ~ 100% 数量比例	超限额 100% 以上数量比例
基准年用电量低	2.38%	91.67%	5.95%	0.00%
包括特殊用能	6.25%	93.75%	0.00%	0.00%
持续不稳定	0.00%	66.67%	33.33%	0.00%
面积不符	0.00%	100.00%	0.00%	0.00%
总计	2.52%	88.24%	9.24%	0.00%

续表

方案 B：基于北京市不同建筑类型的平均单位面积电耗值计算 -2015 年

异议情况	不超限额数量比例	超限额 20% 以下数量比例	超限额 20% ~ 100% 数量比例	超限额 100% 以上数量比例
基准年用电量低	51.19%	11.90%	22.62%	14.29%
包括特殊用能	62.50%	25.00%	12.50%	0.00%
持续不稳定	61.11%	16.67%	5.56%	16.67%
面积不符	0.00%	100.00%	0.00%	0.00%
总计	53.78%	15.13%	18.49%	12.61%

方案 C：按照《民用建筑能耗标准》中不同建筑类型的约束值计算 -2015 年

异议情况	不超限额数量比例	超限额 20% 以下数量比例	超限额 20% ~ 100% 数量比例	超限额 100% 以上数量比例
基准年用电量低	29.76%	14.29%	28.57%	27.38%
包括特殊用能	43.75%	18.75%	37.50%	0.00%
持续不稳定	27.78%	22.22%	27.78%	22.22%
面积不符	0.00%	100.00%	0.00%	0.00%
总计	31.1%	16.8%	29.4%	22.7%

　　由于上述申请均是因存在特殊情况而导致超限额率较高，而其实际用电水平不应超限额或者超限额不会过高（如超限额 100% 即实际用电是限额的 2 倍），故在调整限额后的超限额率应大部分维持在超限额 20% 以下或不超限额。以此为考虑，理想状态下的超限额率分布情况应为图 3-25 所示。其中，不超限额占 10%，超限额 20% 以下占75%，这两部分总和为 85%。此外，调整后超限额 20% ~ 100% 时则说明其实际电耗确实超限额 20%，超限额 100% 以上需考虑是否存在信息不准确的情况。

　　以上述理想状态为评判标准，来比较三种限额计算方法的结果，"基准年用电量过低"和"包括特殊用能"的结果如图 3-26 和图 3-27 所示。由于方案 C 存在如下缺陷：1）国家标准电耗的约束值不包括机房用能等特殊用能；2）国家标准不完全适合北京市建筑运行状况（全国水平低于北京市公共建筑正常运行能耗值）；3）国家标准能耗值确定条件与建筑实际使用状况有出入（如办公建筑的工作时间）；4）国家标准中建筑类别与系统中建筑类别不完全匹配，使得方案 C 的使用条件较为严格。而方案 B 中的单位面积电耗是全市的平均水平，故方案 B 条件较为宽松。可以发现：使用方案 B 的结果大部分落在不超限额的区间，使用方案 C 的结果分布在各区间较平均，使用方案 A 的结果大部分落在超限额 20% 的区间。因此，与理想状态比较，"基准年用电量低"和"包括特殊用能"采用 A 方法来调整限额较为合理。

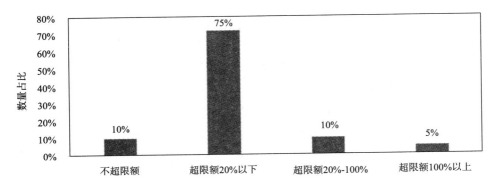

图 3-25　理想状态下的超限额率分布

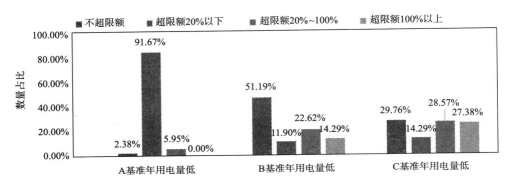

图 3-26　基准年用电量低的 2015 年超限额率分布

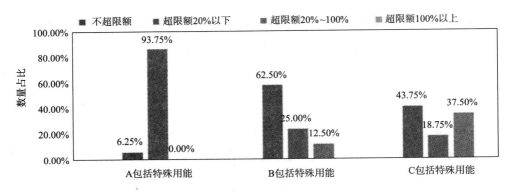

图 3-27　包括特殊用电的 2015 年超限额率分布

对于"持续不稳定"的异议情况，由于其 2015、2016 年用电持续处于不稳定状态，故其 2015 年的超限额率 20% ~ 100% 的比例较高，为 33%。对比使用三种方法测算 2016 年的超限额率（图 3-28 和图 3-29），可以发现，使用 A 方法计算 2016 年超限额 20% 达到 72%，使用 B 方法超限额 20% 仅为 28%，更接近理想状态，故采用 B 方法来调整"持续不稳定"的限额值。然而，对于"面积不符"的申请用户数量很少，使用何种方法的结果都不具代表性，选择采用 A 方法的历史用电量来计算限额。

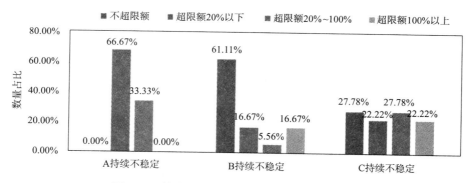

图 3-28　持续不稳定的 2015 年超限额率分布

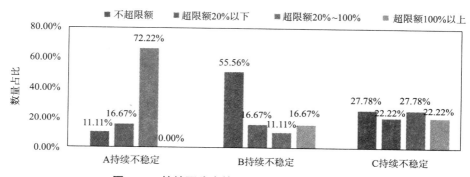

图 3-29　持续不稳定的 2016 年超限额率分布

4. 不同限额调整方法的 2016 年超限额率结果

使用 A、B、C 三种限额调整方案对 2016 年的超限额率进行计算,结果如表 3-8 所示。按照"基准年用电量低"、"包括特殊用能"、"面积不符"使用方案 A、"持续不稳定"使用 B 方案的结果,超限额 20% 的比例分别为 19.05%、18.75%、100.0%、28%,基本达到理想状态。

A、B、C 三种限额计算方法的 2016 年超限额率结果　　　　表 3-8

方案 A：依据建筑自身历史用电量计算 -2016 年			
异议情况	不超限额数量比例	超限额 20% 以下数量比例	超限额 20% ~ 100% 数量比例	超限额 100% 以上数量比例
基准年用电量低	11.90%	69.05%	19.05%	0.00%
包括特殊用能	25.00%	56.25%	18.75%	0.00%
持续不稳定	11.11%	16.67%	72.22%	0.00%
面积不符	0.00%	0.00%	100.00%	0.00%
总计	13.45%	58.82%	27.73%	0.00%

方案 B：基于北京市不同建筑类型的平均单位面积电耗值计算 -2016 年

异议情况	不超限额数量比例	超限额 20% 以下数量比例	超限额 20% ~ 100% 数量比例	超限额 100% 以上数量比例
基准年用电量低	53.57%	10.71%	26.19%	9.52%
包括特殊用能	75.00%	6.25%	18.75%	0.00%
持续不稳定	55.56%	16.67%	11.11%	16.67%
面积不符	0.00%	100.00%	0.00%	0.00%
总计	56.30%	11.76%	22.69%	9.24%

方案 C：按照《民用建筑能耗标准》中不同建筑类型的约束值计算 -2016 年

异议情况	不超限额数量比例	超限额 20% 以下数量比例	超限额 20% ~ 100% 数量比例	超限额 100% 以上数量比例
基准年用电量低	25.00%	21.43%	26.19%	27.38%
包括特殊用能	43.75%	12.50%	43.75%	0.00%
持续不稳定	27.78%	22.22%	27.78%	22.22%
面积不符	0.00%	0.00%	100.00%	0.00%
总计	27.73%	20.17%	29.41%	22.69%

5. 小结

通过上述计算方法与结果，可以看到：方案 A——以建筑自身的历史用电数据为依据对有异议的电耗限额值进行调整，其结果是最为理想的，在达到促进建筑节能的同时能够满足大部分限额的调整要求。

3.4.4　公共建筑电耗考核

截至 2016 年，在纳入北京市房屋全生命周期平台的公共建筑中，已完成建筑基本信息核实的建筑共 6559 组。本节以某区的 N 组建筑为例，介绍针对 2015 ~ 2016 年连续两年电耗超限额建筑与 2016 年电耗考核优秀建筑的统计、筛选方法。

1. 连续两年超限额建筑甄别方法

图 3-30 所示为 2015 ~ 2016 年连续两年电耗超限额建筑甄别流程。主要包括 5 个步骤：

（1）剔除 2015 ~ 2016 年电耗绝对异常值，主要是空值和零值；随后，遵循《北京市公共建筑电耗限额管理暂行办法》（京建法〔2014〕17 号）电耗限额确定方法（2016 年沿用 2015 年限额值），筛选出连续两年超限额 20% 以上的建筑。经过此步，还剩下 N_1 组建筑。

（2）从 N_1 组建筑中剔除含普通工业、大工业、农业排灌和考核用电的建筑，经此步还剩下 N_2 组建筑。

（3）将 N_2 组建筑的电耗强度与北京市同类型建筑的平均电耗强度相比较，剔除低于同类型建筑的平均电耗强度的建筑。存在一部分建筑，虽然其电耗相对自身历史电耗增加了，但仍然比大多数同类建筑的电耗强度要低，即并没有比同类建筑消耗的电能更多。因此，设置此步骤，是为保证考核更具公平性。经过此步骤，还剩下 N_3 组建筑。

（4）在剩下的 N_3 组建筑中，有建筑产权单位对能耗限额提出了异议并申请进行限额调整，此时需要对这些建筑的实际情况进行调研核查，暂不纳入本次考核中。因此，从样本中剔除这些建筑，剩下 N_4 组建筑。

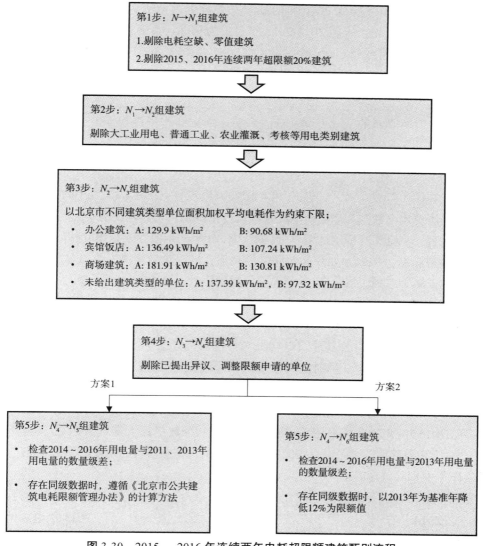

第1步：$N \rightarrow N_1$ 组建筑

1.剔除电耗空缺、零值建筑

2.剔除2015、2016年连续两年超限额20%建筑

第2步：$N_1 \rightarrow N_2$ 组建筑

剔除大工业用电、普通工业、农业灌溉、考核等用电类别建筑

第3步：$N_2 \rightarrow N_3$ 组建筑

以北京市不同建筑类型单位面积加权平均电耗作为约束下限；

- 办公建筑：A：129.9 kWh/m²　　　　B：90.68 kWh/m²
- 宾馆饭店：A：136.49 kWh/m²　　　B：107.24 kWh/m²
- 商场建筑：A：181.91 kWh/m²　　　B：130.81 kWh/m²
- 未给出建筑类型的单位：A：137.39 kWh/m²，B：97.32 kWh/m²

第4步：$N_3 \rightarrow N_4$ 组建筑

剔除已提出异议、调整限额申请的单位

方案1

第5步：$N_4 \rightarrow N_5$ 组建筑

- 检查2014～2016年用电量与2011、2013年用电量的数量级差；
- 存在同级数据时，遵循《北京市公共建筑电耗限额管理办法》的计算方法

方案2

第5步：$N_4 \rightarrow N_6$ 组建筑

- 检查2014～2016年用电量与2013年用电量的数量级差；
- 存在同级数据时，以2013年为基准年降低12%为限额值

图 3-30　2015～2016 年连续两年电耗超限额建筑甄别流程

实际上，经过以上 4 步，剩下的 N_4 组已可作为本次"连续两年超限额"的考核对象，但考察该 N_4 组建筑连续 6 年（2011～2016 年）的数据及步骤 1）中计算得到的限额值发现：部分建筑出现 2011～2013 年与 2014～2016 年电耗值间数量级差异

巨大，计算得到的限额值远低于 2014～2016 年电耗水平，导致超限额率可达几百乃至几万。以该区某一普通公建为例，其 2011～2016 年的用电量如表 3-9 所示，其 2011 年和 2012 年的用电量仅两位数，相比 2013～2016 年，几乎未用过电，这极有可能是 2011～2012 年期间建筑未投入使用的结果。然而，根据《北京市公共建筑电耗限额管理暂行办法》（京建法〔2014〕17 号）的第十三条规定"（一）2013 年耗电量比 2011 年增加的电力用户，2014 年和 2015 年限额值在 2011 年耗电量基础上，按 6% 和 12% 降低率分别确定"，计算该建筑 2015～2016 年的限额值仅为 60×（1-12%）=52.8kWh。因此，2015 年和 2016 年的超限额率分别为 4695980% 和 5467400%，和实际情况完全不符。可见，采用 2011-2013 年电量为基准计算能耗限额的前提是该建筑在 2011-2016 年间是正常或稳定运营的。

该区某普通公建 2011-2016 年用电量（kWh）　　　　　　　表 3-9

2011 年	2012 年	2013 年	2014 年	2015 年	2016 年
60	69	2114295	2178540	2479530	2886840

因此，在第（4）步之后，增加了能耗限额调整步骤：采用 3.4.3 节中的方案 A——以建筑自身的历史用电数据为依据对电耗限额值进行调整。于是，在第 4）步后，增加检查数量级的过程，来定义"稳定运营"。这里认为：如果两个数的值在 10 倍以内，则这两个数为同一个数量级。那么，如果某两年的电耗值在同一个数量级，那么认为这两年的运营状态相似，属于"稳定运营"。基于不同的起始年份，第（5）步可分为以下两种方案：

方案 1：检查 2011 年和 2013 年与 2014～2016 年的用电量的数量级，如果 2011 年、2013 年任何一个年份的电耗与 2014 年、2015 年、2016 年任意一年的电耗在同一个数量级，则可按照《北京市公共建筑电耗限额管理暂行办法》（京建法〔2014〕17 号）的第十三条规定计算限额值；否则，认为 2011 年和 2013 年的数据不具备参考性，建筑运营状态变化过大，从考核样本中剔除该建筑。

方案 2：仅检查 2013 年与 2014～2016 年的用电量的数量级，若 2013 年的电耗与 2014 年、2015 年和 2016 年任意一年的电耗在同一个数量级，则可按照 2013 年电耗值降低 12% 计算限额值；否则，认为 2013 年的数据不具备参考性，建筑运营状态变化过大，从考核样本中剔除该建筑。

方案 1 虽然考虑了运营的稳定性，但由于《北京市公共建筑电耗限额管理暂行办法》（京建法〔2014〕17 号）的第十三条规定算法的设定，当 2011 年与 2013 年电耗值不同级时，仍然无法避免限额值过小问题。例如，若 2011 年电耗值很小，但 2013 年电耗值与 2014-2016 年电耗值同数量级，则根据第十三条规定（一），限额值仍是按照 2011 年电耗值计算。因此，方案 1 仅剔除很少量的建筑。实际上，由于 2011 年与 2015 和 2016 年相隔较远，很难保证同数量级，也就是建筑在 5～6 年内连续稳定运行。因此，方案 2 未采用 2011 年值，仅使用较为接近的 2013 年的数据作为基准，较大程度上避免了方案 1 的限额值过小问题。

因此，以方案 2 作为甄选方案，最终筛选出 N_6 组建筑。

2. 能耗考核优秀建筑筛选方法

如图 3-31 所示为能耗优秀建筑筛选流程，主要分为 4 个步骤：

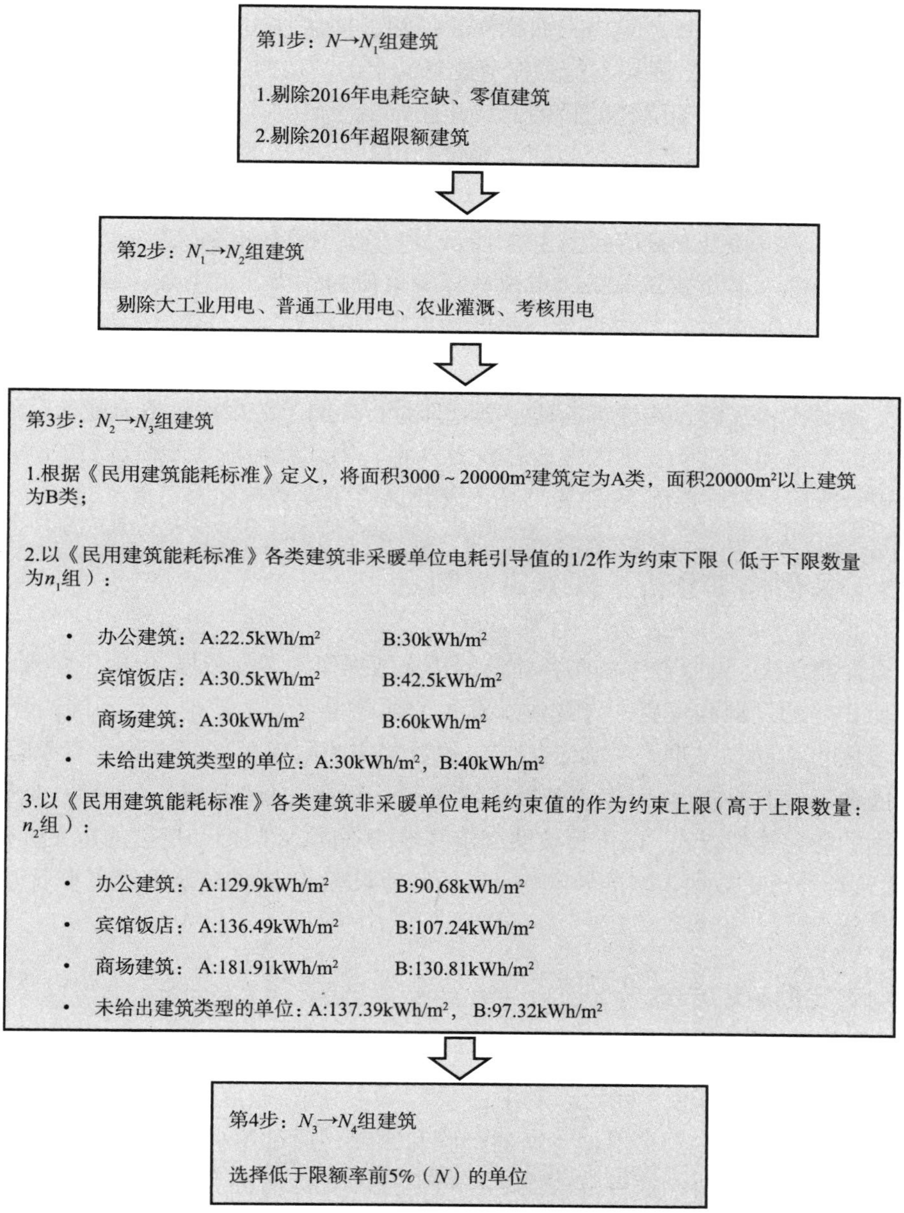

第1步：$N \rightarrow N_1$ 组建筑

1.剔除2016年电耗空缺、零值建筑

2.剔除2016年超限额建筑

第2步：$N_1 \rightarrow N_2$ 组建筑

剔除大工业用电、普通工业用电、农业灌溉、考核用电

第3步：$N_2 \rightarrow N_3$ 组建筑

1.根据《民用建筑能耗标准》定义，将面积3000~20000m²建筑定为A类，面积20000m²以上建筑为B类；

2.以《民用建筑能耗标准》各类建筑非采暖单位电耗引导值的1/2作为约束下限（低于下限数量为n_1组）：

- 办公建筑：A:22.5kWh/m²　　　B:30kWh/m²
- 宾馆饭店：A:30.5kWh/m²　　　B:42.5kWh/m²
- 商场建筑：A:30kWh/m²　　　　B:60kWh/m²
- 未给出建筑类型的单位：A:30kWh/m²，B:40kWh/m²

3.以《民用建筑能耗标准》各类建筑非采暖单位电耗约束值的作为约束上限（高于上限数量：n_2组）：

- 办公建筑：A:129.9kWh/m²　　　B:90.68kWh/m²
- 宾馆饭店：A:136.49kWh/m²　　　B:107.24kWh/m²
- 商场建筑：A:181.91kWh/m²　　　B:130.81kWh/m²
- 未给出建筑类型的单位：A:137.39kWh/m²，B:97.32kWh/m²

第4步：$N_3 \rightarrow N_4$ 组建筑

选择低于限额率前5%（N）的单位

图 3-31　2016 年能耗考核优秀建筑筛选流程

（1）剔除 2016 年电耗空缺、零值以及超限额建筑。这一步首先去掉了能耗绝对异常值，随后剔除了电耗超限额的建筑，因为能耗优秀的建筑首先必须是有节能趋势的建筑。经过这一步的筛选，有（$N-N_1$）个建筑被剔除。

（2）剔除非以公共建筑为主的建筑数据。这一步剔除了大工业用电、普通工业用电、农业灌溉和考核用电等4类用电建筑数据，剩下N_2组建筑。

（3）剔除数据上存在不合理性的建筑数据。一般而言，从数字上讲，年电耗量越低，能耗考核应该越优秀。但有些建筑用电量过低，很可能是非正常使用导致的。例如，因业务调整或装修等导致建筑内大面积停止使用，即这种用电量过低并非是因为业主的节能改造措施带来的，因而不能算作节能意义上的"优秀"，也不是能耗考核工作所鼓励的（不鼓励为了达到降耗的目的而终止正常的运转与生产）。另外，"优秀"也应该体现出一定的节能潜力，至少与同类建筑的电耗相比是更低的。因此，这里用《民用建筑能耗标准》各类建筑非采暖单位电耗引导值的1/2作为约束下限，来界定"用电量过低"，各类建筑约束下限值如图3-31所示，经过此下限约束剔除了n_1组建筑；用《民用建筑能耗标准》各类建筑非采暖单位电耗约束值的作为约束上限，来界定"优秀"，各类建筑约束上限值如图3-37所示，经此约束再次剔除了n_2组建筑。最终经第3步筛选，共剩下N_3组建筑。

（4）根据《北京市公共建筑电耗限额管理暂行办法》的规定，取总建筑数的前5%作为最后的考核优秀对象。本区考核总数为N组，因此对经前3步筛选后的N_3组建筑的电耗进行排序，最终取前N_4组（5%N）建筑为本年度考核优秀对象。

3.5 深化样本分析 探索定额制定

原《管理办法》的限额方法将各建筑的历史数据作为考核依据，但由于建筑的业务、功能、面积等的发展和变更，导致建筑逐年的耗电量会发生波动，且不同的建筑各年的波动幅度也不同，很难统一确定某一年的数据作为限额基准。因此，不考虑各建筑自身用能在年份上的波动，每年为各类建筑划定一个统一的"红线"，即定额，是最直接、也是常用的能耗管理方式。以下将按照制定基准的不同，对限额和定额的定义进行区分，即：以建筑自身历史数据为基准划定的"红线"为限额；以同类建筑平均水平划定的"红线"为定额。

3.5.1 定额制定方法

目前，对于确定建筑能耗限额定值（下称定额值）的方法，主要分为专家咨询法、统计分析法及技术测算法3种[21]。其中：

（1）专家咨询法主要是根据专家的经验和判断，通过逻辑思考、综合相关资料和数据，提出定量估计值，这种方法简单易行但技术支持不足，易受专家的主观因素影响而出现片面和盲目性。

（2）统计分析法是建立在大量实测建筑能耗数据基础上、通过一定的数据分析与挖掘方法确定的能耗定额值，是一种数据驱动的方法，体现较强的客观性。根据所采用的统计算法不同，统计分析法可分为统计平均值法、二次平均法、回归分析法、统计趋势分析法以及限额水平法等[23]。

（3）技术测算法是通过建立标准建筑模型对建筑能耗进行模拟，确定建筑能耗指标的方法。这种模拟的方法，必定会对几何模型和边界条件做一些理想化的简化，导致结果与实际情况有一定的差异。

本节将借鉴广州市公共建筑能耗限额指标编制思路，探讨北京市办公建筑能耗定额值的确定方法。广州市公共建筑能耗限额指标编制思路如图 3-32 所示：首先经过数据处理，形成分析样本；随后对分析样本进行正态性检验，如果符合正态分布，则采用限额水平法确定能耗限额指标值，否则，采用箱线图排序法确定指标值。显然，这是一种统计分析法的思路。文献中采用了"限额"一词，但其实质是根据同类建筑的平均水平划定了一个统一的"红线"。因此，按照上文中的定义，图 3-32 所示为基于统计分析法的"定额"制定流程。以下将依照此思路，计算北京市办公建筑电耗定额值（电耗强度指标）。

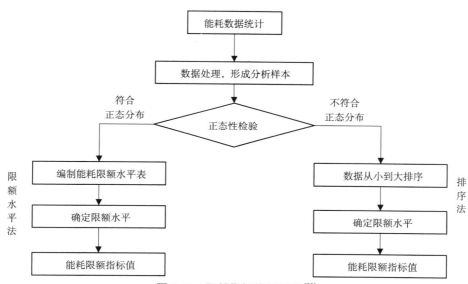

图 3-32　限额指标编制思路[22]

1. 形成分析样本

经统计，在北京市公共建筑能耗限额管理平台中目前已核实基本信息的 6559 栋建筑中，共计有 2166 栋办公建筑，含 2011 ~ 2016 年连续 6 年的电耗数据，则样本空间总共有 2166×6=12966 个样本点。

根据本书 3.3 所述方法与流程，对原样本进行数据整理：（1）将电耗数据分为电耗量和电耗强度两个维度；（2）依次对每年的电耗数据进行绝对异常值和相对异常值检测；（3）剔除各年的异常数据，形成分析样本。由于待处理的数据量较大、流程较为复杂，因此所有过程均在已编写的 Python 程序中完成。

以 2012 年数据为例，对所有电耗数据进行异常值检测，如图 3-33 所示。

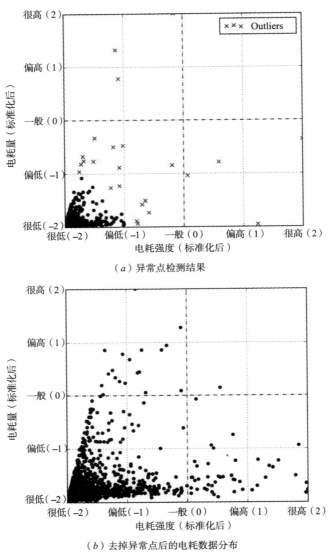

（a）异常点检测结果

（b）去掉异常点后的电耗数据分布

图 3-33　2012 年所有办公建筑电耗数据异常点剔除过程

经过逐年剔除、汇总后，可得到分析样本空间里的样本数为 12633 个。

2. 正态性检验

形成分析样本后，即可开始进行正态性检验。正态性检验一般可通过一些统计分析工具如 SPSS 实现，由于样本量较大，可采用 Kolmogorov-Smirnov 检验法（K-S 检验）来检验样本的正态性。但由于正态分布曲线的图形特征非常明显：（1）集中性，正态曲线的高峰位于正中央，即均数所在的位置；（2）对称性：正态曲线以均数为中心，左右对称；（3）均匀变动性，正态曲线由均数所在处开始，分别向左右两侧逐渐均匀下降。因此，可首先通过样本数据的概率分布曲线来初步判断是否接近正态分布。图 3-34 所示分别为 2016 年大型和普通办公建筑电耗数据经异常值剔除后形成的分析样本。

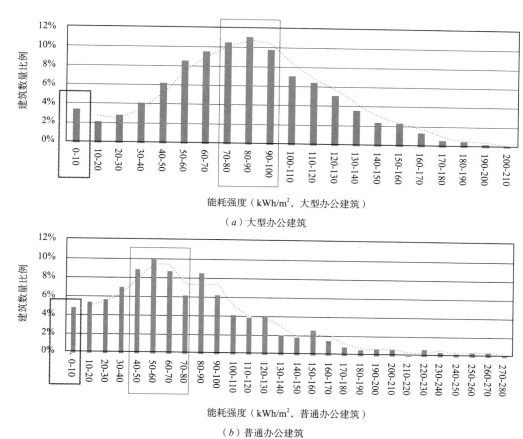

（a）大型办公建筑

（b）普通办公建筑

图 3-34　2016 年大型和普通办公建筑分析样本的电耗强度数据分布

可以看到：（1）大型办公建筑的均值位于 70 ~ 100kWh/m²，高于普通建筑的 40 ~ 70kWh/m²；（2）大型办公建筑的分布曲线存在 0 ~ 10kWh/m² 和 80 ~ 90kWh/m² 对应的两个曲线峰值；（3）普通办公建筑不仅存在多个峰值，且在峰值两侧并不是均匀变动，如图 3-34（b）中的椭圆框所示。因此，可初步判断，2016 年大型和普通办公建筑的分析样本分布均不满足正态分布。

3.5.2　确定电耗定额值

进行完正态性检验后，可根据正态分布理论或箱线图理论（图 3-35），选取不同的限额水平，制定定额值。

当分析样本满足正态分布时，可按式 $\mu + x \cdot \sigma$ 制定定额值。其中，μ 为均值（期望值），σ 为标准差，x 为限额水平。若 x 取 0.675 时，定额值为 $\mu + 0.675\sigma$，则理论上仅 75% 的样本点可通过考核；若 x 取 1.032 时，定额值为 $\mu + 1.032\sigma$，则理论上有 85% 的样本点可通过考核；若 x 取 1.645 时，定额值为 $\mu + 1.645\sigma$，则理论上有 95% 的样本点可通过考核。

当分析样本不满足正态分布时，可对样本点数值进行排序，取第 $x\%$ 个值为定额值。当 x 分别取 75、85、95 时，理论上相应地分别有 75%、85% 和 95% 的样本点可通过考核。

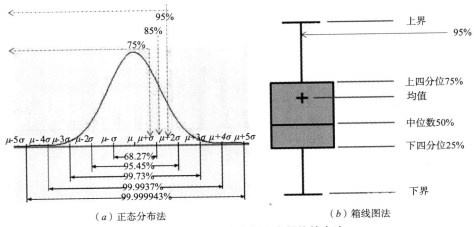

（a）正态分布法　　　　　　　　（b）箱线图法

图 3-35　不同分布制定定额值的方法

对所有 6559 个对应的各类建筑不同年份进行异常点剔除、形成分析样本，并对分析样本进行正态性检验后，发现所有分析样本均不符合正态分布。因此，最终均采用了箱线图法来确定定额值。以 2016 年数据为例，如表 3-10 所示为 10 类建筑大型和普通尺度的不同限额水平下对应的定额值。

各类建筑大型和普通尺度的不同限额水平对应的定额值（箱线图法）　　　　表 3-10

	大型（≥2万m²），kWh/m²			普通（3000~2万m²），kWh/m²		
	95%	85%	75%	95%	85%	75%
办公建筑	153.5	120.4	106.0	156.0	120.2	99.0
商场建筑	207.2	186.8	169.4	313.4	226.9	168.0
宾馆饭店	140.2	131.6	113.3	192.0	154.8	130.0
文化建筑	138.1	138.1	107.2	150.0	124.0	91.1
医疗卫生	236.5	212.1	184.0	203.0	155.5	131.1
体育建筑	219.4	137.7	118.2	145.1	85.5	77.0
教育建筑	126.1	107.8	80.2	99.9	73.0	55.5
科研建筑	312.1	194.4	126.4	422.4	149.0	132.5
综合	122.2	102.1	92.3	149.0	119.1	106.4
其他建筑	85.0	54.0	46.0	189.0	131.8	110.4

若将 75% 定额水平所对应的定额值与《民用建筑能耗标准》GB/T 51161—2016 中的约束值（以近年来我国开展的建筑能耗统计、能源审计等工作所收集的建筑能耗数据为基础，在对公共建筑合理分类的前提下，采用统计分析方法得到。能源审计数据主要以北京、上海、广东、深圳以及陕西等省市历年来开展能源审计工作所收集的基

础数据）进行对比，如图 3-36 所示。

《民用建筑能耗标准》GB/T 51161–2016

建筑分类		约束值 [kWh/(m²·a)]
办公建筑		80
旅馆建筑	三星级以下	100
	四星级	120
	五星级	150
商场建筑	大型百货店	140
	大型购物中心	175
	大型超市	170
	一般百货店	80
	一般购物中心	80
	一般超市	110
	餐饮店	60
	一般商铺	55

北京市2016年定额值（75%定额水平）

	大型（≥2万m²），kWh/m²	普通（3000~20000m²），kWh/m²
	75%	75%
办公建筑	106.0（远超全国）	99.0（远超全国）
宾馆饭店	113.3（超3星）	130.0（超4星）
商场建筑	169.4（大型超市）	168.0（大型超市）

图 3-36　本研究所确定的定额值与《民用建筑能耗标准》约束值对比

可以看到，即使是按照 75% 的限额水平确定的定额值（理论上仅 75% 可通过考核），仍要远比基于全国能耗水平的《民用建筑能耗标准》中的约束值要宽松，如普通宾馆建筑的定额值达到了超四星级宾馆的全国约束值水平。其可能原因包括：1）北京市公共建筑能耗限额管理平台中的建筑电耗数据取自电力系统电表，大部分建筑未实现用能分项计量，无法扣除特殊用能（如信息数据中心的大型机房设备与系统用电等）；2）研究表明，城市的经济水平影响建筑能耗水平。《民用建筑能耗标准》GB/T 51161—2016 的定额值为全国不同省市的统计均值，故而与北京市的定额值有一定的差异。

3.5.3　基于定额值的考核

图 3-37（a）~（c）所示分别为 2016 年大型办公建筑分析样本的不同能耗强度区间的数量比例分布柱状图（a）、电耗量分布箱线图（b）以及建筑面积分布箱线图（c）。从图中可以看到，各高电耗强度区间的建筑数量比例相对较少，但电耗量大的建筑基本都分布在高电耗强度区间，而面积大的建筑则在各电耗强度区间分布相对均匀。

如果直接以所制定的定额值，来划定一条"红线"，如图 3-37 所示：若以 75% 的限额水平来划红线，则超出红线的建筑个数占到了总数的 36%，超出红线的建筑能耗总量占比 70.4%（这其中几乎包含了绝大部分的高能耗量建筑），超出红线的建筑面积总量占比 38%；如果以 90% 的限额水平来划线，则对应的建筑数量、能耗总量以及建筑面积总量占比分别为 22.6%、56.6% 以及 20.6%，相较于 75% 红线，各指标有较大幅度下降。

在实际能耗限额管理工作中，考核的是超限额 20% 的建筑，表 3-11 列出了不同限额水平下 2015 ~ 2016 年连续两年超定额 20% 的建筑数量、能耗及面积总量占比结果。可以看到，2015 ~ 2016 年连续两年超限额 20% 的建筑，其数量及比例均较高，即使最为宽松的 95% 的限额水平，超限额 20% 的建筑数量仍达到了 16%。

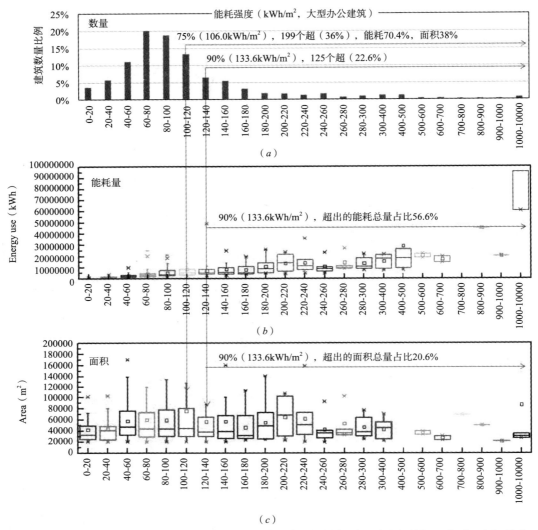

图 3-37　2016 年大型办公建筑分析样本的不同能耗强度区间的数量比例分布柱状图（a）、电耗量分布箱线图（b）以及建筑面积分布箱线图（c）

2015 ～ 2016 年超定额 20% 的建筑数量、面积及能耗总量占比　表 3-11

限额水平	0.95	0.9	0.85	0.8	0.75
超数量比	16%	20%	24%	27%	31%
超面积比	13%	15%	20%	24%	27%
超能耗比	44%	48%	53%	57%	61%

3.6　总结

本章基于公共建筑能耗限额管理工作中的数据流线，从建筑基础信息与电力数据的采集、信息系统建设、数据处理与分析、限额制定与考核及调整等多方面，详细介绍了 2013 ～ 2016 年期间北京市公共建筑能耗限额管理工作实践中的技术性措施研究与探索。

其中，合理地选取数据源、确定数据采集方法与原则，有效保证了数据的覆盖面、全面性和准确性，从而确保了后续能耗限额制定的合理性与考核工作的效率。北京市房屋全生命周期管理信息平台构建了全市的房屋基础数据中心，其覆盖全市、动态更新的海量建筑数据直接为能耗限额管理平台提供了建筑信息支持。公共建筑能耗限额管理信息系统是能耗限额管理工作的核心，实现了系统管理、统计分析、指标查询与签收、考核及公示以及地理信息系统等 10 大功能，成为北京市开展能耗限额管理工作的最有力助手。数据驱动的数据处理与分析技术助力能耗限额管理工作，可大大降低人工工作量，包括通过数据挖掘技术实现能耗及建筑信息异常检测与报警，通过统计对比分析方法确定最佳的限额调整方案等；通过多种方法的对比分析，合理确定了基于多种对标的连续两年超限额与能耗优秀建筑确定方法。

最后，探讨了基于统计分析法的北京市公共建筑电耗定额值确定方法，结果表明，参照统计分析法制定的北京市的定额值远比全国的约束值宽松，尽管如此，未通过考核的建筑数量比例仍较大，今后需继续研究与探索限额与定额相结合的考核方法。

第4章 公共建筑电耗限额管理的工作成效

2014年起在市住房城乡建设委的主持下，围绕"创新、协调、绿色、开放、共享"的新发展理念，以把北京建设成为国际一流的和谐宜居之都为战略目标，通过信息采集、限额下达、严格考核、加强监管等措施，大力实施公共建筑能耗限额管理，推动公共建筑节能运行管理水平提升：一批公共建筑通过采用自控系统升级、更换LED灯具等各种节能技术措施，作为"电耗限额管理考核优秀建筑"得到市住建委、市发改委通报表扬，涵盖商业写字楼、学校等多种类型；促进公共建筑节能改造工作推进；实现了全市公共建筑平均电耗水平的显著下降：工作开展以来，公共建筑用电下降4.7亿度，相当于20万余户家庭一年用电量，折合标准煤约13.4万吨，公共建筑能耗限额管理初见成效。

4.1 建立限额指标助力建筑提升运行管理

能耗限额管理为公共建筑设定了节能目标，一方面各类节能技术措施或设备为上述节能目标的实现提供了支撑条件，另一方面，通过优化运行管理，促进使用方式节能，也是开展公共建筑节能十分重要的途径。

1. 供暖系统优化运行管理

建工大厦工作的员工反馈"往年冬天我们这热的区域得开窗降温，冷的区域羽绒服不能脱还冻得手脚冰凉。今年好了，温度均衡，舒适度非常高"，是什么让其有如此大的改善呢？"实施公共建筑电耗限额管理以来，针对设备老旧导致冬季供暖冷热不均且耗能高的现状，我们在今年采暖季前，对供暖系统进行了优化改造，大厦的温度均衡了，电耗和燃气用量也降下来了。节能降耗真的是一项系统工程，这也是我们在公共建筑能耗限额考核中脱颖而出的原因。"建工物业负责人介绍说。

2. 空调系统节能优化运行

北京金隅物业管理有限责任公司金隅时代分公司负责人介绍说："公司一向重视节能工作，对大成大厦加装了自控系统，根据气候变化情况，对大厦内的中央空调运转速率、冷却塔的运行进行优化控制，给企业带来很大的收益。"

3. 照明系统节能运行

大成大厦将地下车场、楼道、机房等所有公共区域原有的部分40W灯管和电子节能灯更换为LED灯，共计2000余根，仅此一项一年可节约20万度电。

建工物业陆续对大厦内的照明系统进行了改造，将9973套照明灯具全部更换为LED绿色照明灯具，仅3个月就节约11万度电。

翠微大厦在这次实施电耗限额过程中，他们针对区域照明时间的差异化，将人为巡查方式优化为分区域、分时间智能控制系统，有效降低了电耗，且投资回收期短。

类似以上用能单位的做法，在考核优秀单位中还有很多。如北京安信行物业管理有限公司在所管理的物业中推行节能运行管理，照明系统采取的运行管理措施包括时间管理、节能意识培养、巡视管理、减少不必要照明等；给排水系统采取优化输配系统的运行管理措施；电梯系统采用及时关停或休眠、优化运行控制方式等运行管理措施；热水系统采取的运行管理措施包括及时关停、依据季节设定水温、及时维护等。他们的积极参与，不仅让自家的电表慢了下来，同时也让他们的降本增效的能力强了起来。通过对上述各单位优秀做法的分析，可以借鉴的经验有三点：

首先，公共建筑节能运行阶段在重视节能技术应用之外，还应特别关注技术与行为的相互影响，促进使用与行为因素节能。

其次，节能观念当前已被普遍接受，节能宣传的重点应放在进一步引导具体的节能行为方面，促进有效的使用模式能够得到有效的贯彻和执行。

第三，对于公共建筑，能源价格是促使其开展节能的重要刺激因素。

能耗限额管理为公共建筑设定了节能目标，一方面各类节能技术措施或设备为上述节能目标的实现提供了支撑条件，另一方面，通过优化运行管理，促进使用方式节能，也是开展公共建筑节能十分重要的途径。

4.2 严格奖惩考核促使建筑推进节能改造

节能改造是一个市场机制部分失灵的领域，既需要政府的资金引导，也需要强制政策的推进。要让北京近万栋公共建筑"自我改造"，不仅需要产权人有优化管理、开源节流、节能降耗的意识，更需要有系统管理机制——建立能耗限额标准、严格奖罚公开、优化能源利用和加大节能改造资金奖励。对每栋公共建筑设置"用能红线"，是节能改造的第一步。

1. 供热系统节能改造

供热系统未根据室外气候及用户需求进行自动调节的，宜采用气候补偿技术，通过自动控制技术实现按需供热。锅炉房未安装自动控制系统时，宜安装锅炉自动控制装置，根据外部热负荷的变化动态调节锅炉运行。未设置烟气余热回收装置的，宜根据锅炉类型、锅炉房场地等条件安装烟气余热回收装置，烟气余热回收装置应满足耐腐蚀和锅炉系统寿命的要求，应满足锅炉系统在原动力下安全运行。对于区域锅炉房和热电联产热力站供热系统的人员、管网、热力站和用户，宜对控制系统进行升级改造，进行供热参数自动采集与集中远程监测，根据需求负荷变化自动调节供热量。对于输配系统，宜根据测试结果对水泵进行相应的调节或改造，对于适宜进行变频改造的水泵，按照实际负荷调节电机运行频率，节能降耗。供热系统各支路阻力差异较大时，宜改造为分布式变频二级泵系统，减少水泵总电功率，增加系统安全性，同时进行水力平衡调节。同一供热系统中存在供暖温度及时间要求不同的用户时，宜改造为分时分区控制系统。

如北京交通大学对锅炉房进行烟气余热回收与空气源热泵节能改造时，采用如下措施，取得了较好的节能收益：

（1）东校区锅炉房烟气源与空气源余热系统。在供暖季利用烟气余热，在非供暖季利用空气源加热生活热水，节能率达 90%，年节约 14.06 万元。总投资 56 万元，回收期 3.98 年。

（2）红果园宾馆换热站余热回收项目

红果园宾馆换热站冬季运行期间由于换热设备散热，室内温度达 40℃左右。本项目利用空气源热泵将空气降温的同时产生热水，热水供宾馆生活热水用，在夏季的时候制热水的同时产生的冷风作为楼上教工餐厅的空调冷风。

项目实施后，吨水加热成本由 14.88 元降至 5.3 元，每年运行 330 天，共可节约 12.65 万元，同时节约空调电费 1.116 万元，年共节约 13.766 万元。投资 32 万元，回收期为 2.32 年。

（3）学苑公寓烟气余热与空气源回收项目

在采暖季，热能取自学苑公寓采暖燃气锅炉烟筒排出的烟气，烟温从 160℃降到 30℃后排放。将自来水从 15℃加热到 55℃供学生浴室用。

在非采暖季节，为空气源工况，烟气源热泵在空气源工况运行，四台烟气源与四台空气源热泵运行循环加热水箱的水。

与原燃气加热的吨水成本 13.3 元相比，现吨水成本降为 3.16 元，全年共可节约 57.2688 万元。总投资 298 万元，回收期为 5.2 年。

2. 通风空调系统节能改造

冷水机组运行宜进行参数监测，宜采用计算机仿真、逐时能耗模拟等技术，优化冷机容量配比及运行策略，提高冷机 COP 值。对于大容量冷却水系统，宜采用多冷却塔联合变频控制技术，改造前应校验因变频而减少流量后冷却塔之间的水力不平衡率。对水泵进行效率测试，宜根据测试结果对水泵进行相应的调节或改造，宜按照冷水机组冷却水出口温度或进出口温差对冷却水泵进行变频改造。针对冷冻水输配系统宜采用水力平衡阀等静态水力平衡设备、流量或压差调节器等动态水力平衡设备对系统流量进行合理分配和调节，达到水力平衡的基本要求。冷冻水泵和风机宜加装变频设备，应用变频调速技术，按照实际负荷的变化调节水泵（风机）运行频率进而改变水泵（风机）流量和风压（扬程）。在不影响制冷效果或室内温湿度环境的情况下，宜提高冷冻水出水温度。

如北京华贸中心对中央空调系统进行了综合改造，具体内容包含：

（1）T1 及 T2 的冷冻机房：机房内冷冻水系统，T1 的 16 层及 T2 的 20 层的冷水分区换热系统改造；机房内的冷却水系统，T1 屋面及 T2 屋面的冷水系统改造。

（2）T1 及 T2 的热力机房：包含机房内的换热器及一、二次侧水系统。

（3）能耗监测管理系统。通过给能源站的冷热系统装设电表、冷量表、热量表、水表等表具，统计能源站的各项能耗，上传至能源管控平台，对大厦的用能进行监测管理。

（4）对冷站、高区换热站、热站的水路系统进行改造。消除原有系统中的不合理设置，更换高阻力阀件，使系统更节能。

（5）对能源站加装中央空调节能专家控制系统，对整个能源站进行节能专家控制。

华贸中心冬季热站供暖市政热水年消耗 28096GJ，冬季热站供暖电力、夏季冷站供冷电力等年消耗 273.1 万千瓦时。

整个系统经节能改造后的综合节能率不低于 20%（见表 4-1）。

华贸大厦一期节能改造项目节能率估算　　　　　　　　　　表 4-1

	原能源消耗折标煤（kgce/年）	改造后节约标煤（kgce/年）	节能率
冬季热站供暖市政热水 (GJ)	955264	136815.3043	14.3%
冬季热站供暖电力 (kWh)	89881.112	13282.92296	14.8%
夏季冷站供冷电力 (kWh)	1013604.892	249448.6909	24.6%
合计	2058750.004	399546.9182	19.4%

本项目节能改造投资包括能耗监测平台、能源站水系统改造、能源站节能专家控制系统等，支出合计 328 万元。年节能收益 102 万元，项目静态投资回收期 3.2 年。5 年合同期总节能收益 510 万元，节约标煤 1998 吨，减排 $CO_2$5295 吨。

北京知春大厦对空调系统也实施了综合改造，具体措施如下：

（1）采用两台双良 ZXQII-145H3 型溴化锂吸收式冷（温）水机组，机组单台制冷量为 1454 千瓦，制热量为 1163 千瓦。以节能高效的新型直燃机替换原有吸收式溴化锂制冷机组，大幅提升主机效率。考虑原有机房位于地下二层，新设备安装困难，在 7 层裙房屋顶新建直燃机房；

（2）使用 37 千瓦冷冻泵两台，冷却泵 18.5 千瓦 2 台，采暖循环泵 22 千瓦 2 台，冷却塔 3 组，风机功率 7.5 千瓦。对中央空调冷、热水循环泵、冷却泵加装变频调速装置，选择高效冷却塔设备、电化学水处理设备。降低能源费用，同时达到节能减排目的；

（3）新增能源监控平台，实现冷热源系统能源消耗的精准计量和成本分析管理，满足长期托管运营需要；

（4）采用空调节能专家控制系统，实现冷热源系统自动控制及优化运行，实现冷冻泵、冷却泵变频运行，确保水力平衡及各区域按需供冷 / 热，解决原系统大流量小温差问题，确保长期运营可靠收益；

（5）末端大部分采用风机盘管加组合式新风机组（带热回收、加湿段）；

（6）所有末端设备均实现就地自动控制。

实施过程及完成效果见图 4-1 ~ 图 4-4。

图 4-1　屋面机房钢结构基础施工图　　　　图 4-2　屋顶新建直燃机房

图 4-3　直燃机组安装施工图　　　　图 4-4　强弱电一体化节能专家控制柜

　　改造后预计冷热源系统节约能源费用 55 万元，节能率超过 20%，折合每年节约标准煤 246 吨。

　　3. 照明系统节能改造

　　选用合适的照明光源，宜优先选用 LED 节能灯，学校、医院等特殊场所使用时应考虑其色温及炫光问题。宜充分利用自然光来减少照明负荷，公共建筑的走廊、楼梯间、门厅等公共场所的照明，宜按建筑使用条件和天然采光状况采用分区、分组控制措施。公共场所宜采用集中控制，并按需要采取调光或降低照度的控制措施。大型公共建筑宜按使用需求采用适宜的自动照明控制系统。

　　北京交通大学对全校的公共楼道、卫生间、路灯、地下车库、学生宿舍、办公室、实验室等全面安装 LED 节能灯 75000 余只。在教室安装节能灯架 5300 套，在照度不降低的前提下，用灯数量减半。年节约用电约500万度。通过安装教室照明及空调智能节电系统，以逸夫楼43个教室为试点安装教室照明及空调智能节电系统，对空调和灯光有序控制。实现了自习室内温度和人数达到设定临界值以上才开启空调，自然光照强度低于设定的临界值可开启灯光，并且根据上自习学生人数分区域开启灯光。系统节电率30%。

4. 其他综合节能改造措施

（1）北京中关村皇冠假日酒店综合改造——合同能源管理节能效益分享型

北京中关村皇冠假日酒店建筑面积67914平方米，地上20层，地下4层，客房298间。酒店于2016年6～9月，以合同能源管理节能效益分享型模式实施了整体节能综合改造，共采用12项针对水电气热的综合节能措施（图4-5）。

按照《北京市公共建筑节能改造节能量（率）核定方法》和《北京市公共建筑节能绿色化改造项目及奖励资金管理暂行办法》，该酒店改造经第三方节能量审核，综合节能率为21.26%。酒店综合节能改造项目于2017年10月通过综合验收，成为北京市首个符合《北京市公共建筑节能绿色化改造项目及奖励资金管理暂行办法》（京建法〔2017〕12号）要求，享受30元/平方米的市级资金奖励的项目。

该大厦主要能耗包括电、天然气以及水，2015年用量分别为7397720度、742934立方米、107464吨，每年资金支出约1032万元。接受改造后，每年节约690吨标准煤，年节能效益约218万元，其中年节约电力约161万度、天然气约19万立方米、水约8060吨，年减少二氧化碳排放1859吨、二氧化硫6吨、氮氧化物5.25吨。

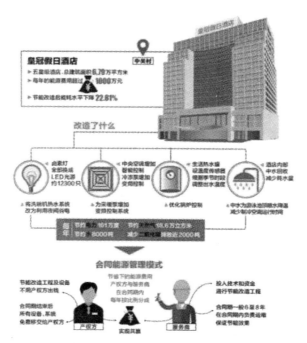

图4-5　北京中关村皇冠假日酒店综合节能改造示意图

（《北京晚报》报道，引自东方低碳官方微信公众号）

在对项目多次进行能源审计之后，东方低碳根据项目量身定制了详细的改造方案，包括：将酒店内的传统光源更换为 LED 光源，平均节能率达 80%；将洗碗机热水系统改造为利用夜间谷电加热，平均节能率达到 5%；为采暖泵增加变频控制系统、控制热水流量；为中央空调增加智能控制系统，对冷冻泵增加变频自动控制系统；为生活热水罐增加温度传感器，根据季节和时段变化调整出水温度；优化锅炉控制；收集员工洗浴、KTV 等处给水，输送至中水回收设备，减少耗水量；利用中水为游泳池顶玻璃幕墙喷水降温，减少制冷空调运行时间。

改造现场照片见图 4-6，节能措施见表 4-2，改造前后性能参数对比见表 4-3。

图 4-6　北京中关村皇冠假日酒店节能改造现场照片

北京中关村皇冠假日酒店综合节能改造节能措施　　　　　　　表 4-2

NO	项目	技术原理	节能措施
1	综合节能	管理优化	ECM1—酒店能源管理系统
2	节电措施	高效设施	ECM2—照明系统光源升级及控制优化
		循环利用	ECM3—厨房洗碗机热水系统改造
		优化控制	ECM4—水泵变流量控制
		负荷优化	ECM5—游泳池顶喷水降温
		优化控制	ECM6—冷冻机房节能控制系统
3	节电、节气措施	优化控制	ECM7—公共区域温控系统控制优化
		优化控制、高效设施	ECM8—管路优化、设备能效提升
		优化控制	ECM9—锅炉控制优化

续表

NO	项目	技术原理	节能措施
4	节气措施	优化控制	ECM10—热水水温优化控制
5	节水措施	优化控制	ECM11—中水回收系统优化升级
		高效设施	ECM12—洗浴器具节水升级

经第三方核查的改造方案实施量及改造前后性能参数对比　　表 4-3

序号	改造内容以及措施	实施量核查		技术参数核查	
		方案实施量	实际实施量	改造前性能参数	改造后性能参数
1	酒店能源管理系统	一套建筑电力分项计量及管理平台（远传智能电表 38 只，各类型号电流互感器 78 只）	一套建筑电力分项计量及管理平台（远传智能电表 38 只，各类型号电流互感器 78 只）	无电力分项计量	电力分项计量以及能源管理平台
2	照明光源升级	LED 光源 10438 只	LED 光源 11392 只	传统光源	高效节能 LED 光源
3	厨房洗碗机热水系统改造	增加风冷热泵机组、水箱、水泵及控制系统一套	增加风冷热泵机组、水箱、水泵及控制系统一套	电加热	新增一套风冷热泵供应进洗碗机热水系统水箱，供应水温 45~55℃
4	水泵变流量控制改造	增加 4 套酒店采暖泵变频控制系统	增加 4 套酒店采暖泵增加变频控制系统	工频运行，50Hz	根据采暖负荷需求进行节能变频控制，35~50Hz
5	机房群控改造	增加一套机房群控，增加 3#4# 冷却塔填料更换	增加一套机房群控，增加 3#4# 冷却塔填料更换	人工控制	根据用户冷负荷进行节能运行控制
6	公共区域温控器优化控制改造	更换 148 只酒店公共区域空调温控器	更换 148 只酒店公共区域空调温控器	温控器只有开关和温度设置模式	增加了温度节能范围、运行时间等节能控制模式
7	热水系统水温优化控制改造	对 7 台生活热水换热罐一次侧增加电动开关阀和温度传感器	增加 7 套生活热水换热罐一次侧电动开关阀和温度传感器	无变流量节能控制，50Hz，开度 100%	根据热水负荷需求进行节能变频运行控制开度 0~100%
8	锅炉控制优化改造	增加一套锅炉节能自动控制装置	增加一套锅炉节能自动控制装置	无	根据末端热水水压和水温，对锅炉热水供应进行节能运行调节
9	中水回收系统改造	设置两套中水回收设备，包括收集员工洗浴、KTV 等处废水	设置两套中水回收设备，包括收集员工洗浴、KTV 等处废水	无	日均收集废水 22 吨 / 天
10	卫浴器具节水改造	更换公共区域纯铜水龙头节水水嘴共计 90 只	更换公共区域纯铜水龙头节水水嘴共计 90 只	普通水嘴	节水率达 35%
11	游泳池顶增加水幕降温	在游泳池玻璃顶上加装一套中水水源的水幕系统	在游泳池玻璃顶上加装一套中水水源的水幕系统	夏季高温时游泳池室内个别区域达到 40℃以上	夏季游泳池降温 10℃以上
12	空调水系统平衡测试优化	对空调冷冻水系统、冷却水系统进行测试和平衡调节	有水系统测试和调试记录	竣工运行后未进行过持续性调试	对空调冷冻机组、水泵、末端最不利点系统性测试及修复

续表

序号	改造内容以及措施	实施量核查		技术参数核查	
		方案实施量	实际实施量	改造前性能参数	改造后性能参数
13	管道保温、空调系统优化	对大堂、中餐厅、游泳池、宴会厅、客房区空调箱的过滤网和翅片清洗，更换自动排气阀、修补风管等	对方案描述区域的风机滤网进行了更换	过滤器、翅片长期未清洗，排气阀有故障；部分管道保温损坏	清洗过滤器和翅片，修补破损管道保温
14	宴会厅空调系统优化	修补原有风管漏风施工缺陷10处	修补风管漏风施工缺陷10处	风管漏风10处	修补10处风管漏风

（2）天伦王朝酒店节能综合改造——合同能源管理效益分享型

曾被评为"北京市能效领跑者"的天伦王朝酒店（图4-7），就拥有丰富的节能举措和节能经验。该酒店为地处北京市中心的五星级酒店。1990年开业，2008年装修，共计395间房。

图4-7　天伦王朝酒店外景

"十二五"期间酒店管理层高度重视节能工作，采取了一系列技术改造和管理节能措施，从2011年开始，酒店用电量呈现逐年降低趋势，2015年比2011年下降24.3%，2011～2015年累计节约电量176万kWh，具体情况如表4-4所示：

2011～2015年用电量（单位：kWh） 表4-4

2011年电量	2012年电量	2013年电量	2014年电量	2015年电量
7230060	6871230	6760920	5745090	5470110

采取节能措施如下：

1）设备改造

①安装"时间定时器"

天伦王朝酒店设计建造年代较早，没有楼宇自控系统，酒店通过在餐厅、厨房以及客厅走廊灯的开关处安装"时间定时器"的方式实现节能控制，酒店相关区域的营业结束后，定时器会自动把灯及其他用电设备关掉，小小的一个定时器只有几十元却达到了楼宇自控的效果。

②更新制冷机

酒店 2013 年以前有三台冷冻机，夏天一般需要开启两台才能满足需要。2013 年更换成两台变频冷水机组，夏天基本上开启一台就能完成酒店的制冷需求。

③灯具改造

2013 年酒店将功耗高的普通灯和卤素灯杯更换成 LED 灯，同时夜景照明灯也换成 LED 灯，2014 年酒店进一步将广告灯箱内的灯具也换成 LED 灯。

④电梯改造

2014 年，酒店更换了 4 台自动变频直梯和 2 台自动变频扶梯。

⑤更换燃气蒸汽锅炉

2015 年酒店将节能工作继续延伸，分区安装三级计量的冷热水表，并对配电室电力采集系统进行升级改造，安装了分区计量电表和采集系统等。

2）节能管理

①成立专门负责节能的节能管理小组。成立节能管理小组，总经理亲自担任组长，执行副组长由工程部负责人担任，组员则是各部门的总监和经理。

②加大员工培训。节能小组的每一位组员将节能降耗的细节讲解给员工听。人事部则每月会拿出 15 至 20 道问题来考大家，了解员工对节能知识、技能掌握的情况，不理想就再培训。

③制定日、月和年节能监察表。"节能位置轮换检查表"和"节能检查表"是各部门每日都要填写的，"节能检查月汇总表"和"酒店每月各部门能耗及节能评分表"是每月要填写的，同时还要填写"年度各部门使用能耗汇总评分统计表"。

④将能耗考核结果与年终奖金直接挂钩。将酒店节能考核结果放进部门负责人的绩效考评中，与他们的年终奖金直接挂钩。另外，如果哪个部门在能源评比中得分过低，对整个部门年终评估都会产生影响。

⑤不断开展节能升级改造。及时发现和总结节能运行管理中存在的问题，制定年度节能改造的计划，不断开展节能技术改造。

（3）北京交通大学节能综合改造案例

北京交通大学建设了涵盖校园全部能源消费因素的智慧型能源管理系统，将节能监控平台、供暖自动控制、三维地下管网、无负压供水智能控制、智能安防系统、自动报修平台等进行系统集成，实现了用能情况在线监控和实时分析，预测能耗变化趋势，优化调度和管控，实现了高校节能管理智能化。

1）全面加强节能管理

一是健全机构。成立节约型校园建设领导小组，下设 3 个专门机构：能源管理办公室，负责推进校园节能的具体工作；低碳研究与教育中心，负责低碳技术与经济领域的跨学科研究，同时开发低碳技术与经济的课程及相关教材；新能源研究所和新能源学院，负责新能源开发、利用和推广有关的科研、教育工作（图 4-8）。

图 4-8　组织机构图

二是建立长效机制。将节能工作纳入学校年度工作计划，并进行考核。通过能源管理体系认证，制定《北京交通大学能源使用管理办法》对各二级单位进行能源指标分解，出台《北京交通大学地下管线信息管理办法》，对地下管线统一管理。

三是建设管理平台。学校建成包括能源监管平台、地下管网三维系统、水电无人值守系统等在内的综合监控中心，实现对全校能源的实时监测与计量以及水、电、暖智能控制。

四是引进合同能源管理新机制。以学生活动中心为试点，委托节能公司进行节能改造和能源管理，节能收益双方按比例提成。

2）全方位开展节能技术改造

学校的技术改造涵盖水、电、气、热等各个能源领域，近 3 年进行节能技术改造共计 30 余项。

①建设中水处理和回用系统

学校建有两座中水处理站，用于冲厕及景观湖补水和绿化用水，年节水 7 万立方米。

②建设雨水收集利用系统

2005 年，学校开始实施"雨水拦截工程"，将教学西区、家属区西区共约 20 万平方米汇水面积的雨水全部汇入学校明湖，用于景观湖补水和绿化用水（图 4-9）。

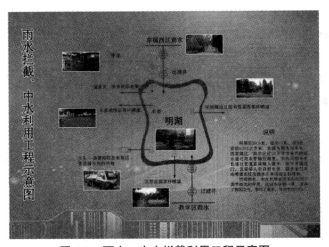

图 4-9　雨水、中水拦截利用工程示意图

③安装无负压供水系统

对全校 12 个水泵房改造为无负压供水系统（图 4-10），与传统的水箱供水相比，年节电 40 万 kWh 以上，节电率可达 30% ~ 60%，且保证了供水卫生和安全。

投资 310 万元，年节电 40 万度，投资回收期 15.5 年。

图 4-10　无负压供水系统

④安装浴室太阳能及洗浴污水余热回收系统（图 4-11）

主校区浴室共包括 369 个喷头，占地 1000 多平方米，用水集中。在楼顶安装了 300 平方米太阳能集热器，同时安装洗浴污水余热回收装置，节能率 50% 左右，吨水成本由 11 元降到 5 元。

总投资 270.74 万元，年节省经费 36 万元，回收期为 7.52 年。

图 4-11　浴室太阳能及余热回收系统

⑤安装光伏发电系统

在电气楼、逸夫楼楼顶安装了 70 千瓦光伏发电系统，在 18 号楼外立面、电气楼外立面安装 250kW 光伏发电系统，用于楼内照明用电和其他用电。

总投资 94 万元，年发电 11.71 万千瓦时，年节约 5.8 万元，回收期 16.2 年。

⑥安装电梯能量回馈装置

在 90 部电梯安装了能量回馈装置（图 4-12），节电率达 30%，年节电约 100 万

kWh。同时避免了电梯机房的热效应从而减少空调耗能。

总投资 116.5 万元，年节省经费 50.85 万元，回收期 2.29 年。

图 4-12　电梯能量回馈装置

⑦建设地下管线三维系统

学校于 2013 年对地下管线进行探测和建模，建成地下管线三维系统（图 4-13），使地下管线分布一目了然，并有详细的管线配置资料，供学校基建、后勤部门查询，为建设施工提供依据，并避免施工中挖错、挖坏现象。

图 4-13　地下管线三维系统

⑧建设地下供水管网探漏系统

在现有地下管线三维系统的基础上，在全校的上水管线安装地下供水管网探漏系统（图 4-14），通过采集及分析管道的振动信号来识别管网是否有漏水，并发出警报。系统可自动完成漏水判别并无线上传检测结果给数据服务中心，并能够确定出漏水点的大体位置，为人工勘察和维修提供可靠的指导。

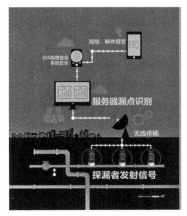

图 4-14　地下供水管网探漏系统示意图

⑨在食堂安装节能设备

应用及效果：购置两台炒菜机器人，与普通灶台相比，节省水和燃气 50% 左右，油烟排放减少 86%，并大幅提升炒菜工作效率，减少了人工。改造 154 台节能燃气灶，减少燃气消耗和污染物排放，节气率达 30% 以上，年节气 29 万立方米。安装十台节水洗菜机，节水率达 30%。引进米饭生产线，实现学校食堂米饭统一配送，减少了人工成本，提升工作效率和服务质量。见图 4-15。

投资 61.75 万元，年节省经费 60 万元，回收期 1 年。

图 4-15　炒菜机器人和节能灶

⑩建设节能监管平台

建设节能监管平台，实现全校水、电、气、暖的全方位、全过程的监测和控制，并利用平台统计数据对全校进行指标定额管理。

通过实施本系统，学校节能工作取得显著成绩。以 2011 年为基准年，在建筑面积、用能设备不断增长的情况下，平均每年节约能源 1047 吨标准煤，节约用水 54175 吨，平均节能率 6.49%、平均节水率 4.46%。五年累计节能 4626 吨标准煤，节水 155288 立方米。

"十二五"以来，在节能技改方面总投资 3077.88 万元。直接经济收益：按照 2014

年能源价格计算，年节约资金 369.8 万元。总投资收益：12%。间接经济收益：在学校事业发展、建筑面积增加、在校人数增加的情况下，能耗未增反降，学校无需购买碳指标，并且获得了各级政府的节能奖励。

4.3　多措并举、协同发力实现电耗强度总量双控

根据我市房屋全生命周期平台统计，截至目前，北京市公共建筑面积约为 3.17 亿平方米，2014 年城镇公共建筑电耗 308 亿千瓦时（折合标准煤 883.96 万吨），占全社会终端能耗 6831 万吨标准煤的 13% 左右。2013 年起，市住房和城乡建设委会同市发展改革委开展全市 3000m² 以上公共建筑的电耗限额管理工作，目前已纳入电耗限额管理的公共建筑有 11370 栋，总建筑面积达 1.49 亿平方米，占全市公共建筑面积比例约为 47%。

据统计，实施公共建筑电耗限额管理的 2014 年、2015 年、2016 年的年耗电量与实施电耗限额管理工作的第一年（2013 年）相比均呈下降趋势，3 年下降 6000 万 kWh，公共建筑能耗限额管理工作初见成效。

上述成效的取得是在多措并举、协同发力的背景下，公共建筑能耗限额管理发挥作用的体现：

在市住房城乡建设委与市发展改革委等主管部门的考核管理下，以各项相关政策为参考依据，以能耗限额管理平台和大数据统计分析为技术支撑，按照《北京市民用建筑节能管理办法》（市政府令第 256 号）监督执法，公共建筑电耗限额管理工作得到有效开展。各个方面协同发力、多种措施合力并举，为北京市公共建筑电耗降低提供了有力保障。

经过核算，2014 年和 2015 年连续两年超限额 20% 的公共建筑有 201 栋，超限额建筑的单位面积电耗是全市公共建筑电耗平均水平的 1.43 倍，通过对超限额建筑进行能源审计、开展解读政策及节能改造培训后，其下一年度的单位面积电耗是全市公共建筑电耗平均水平的 1.41 倍，随着公共建筑陆续进行节能改造，节电效果会显著提升。

4.4　总结

公共建筑电耗限额管理实施以来，从限额指标的发放与考核等环节入手，不断提升公共建筑产权单位、使用单位、运行管理单位建筑节能运行管理水平，并通过对超限额 20% 以上公共建筑实施强制能源审计，帮助其发现节能潜力和明确节能改造方向。通过限额管理、能效提升等手段的综合运用，取得全市公共建筑电耗水平下降的显著成效，公共建筑电耗限额管理初见成效。

第 5 章　公共建筑电耗限额管理的发展展望

从 2013 年至今，经过 4 年的探索与实践，北京市公共建筑能耗限额管理工作已经初具成效。公共建筑能耗限额管理平台搭建完成并顺利运行。能耗限额管理方完成公共建筑信息采集、各公建逐月用电量的采集，并分析能耗水平、考核公建用能是否超限额以及制定下一年的限额，后续由相关部门下发考核结果、新限额值以及依据考核结果执行奖惩措施，最终形成了完整的公共建筑电耗限额管理闭环。但是在实践运行中发现，仍然存在一些需要面对的问题。

数据方面，由于缺乏平台与各数据源的互联，数据无法做到及时更新，而且现有数据传输方式导致容易出现遗漏和错误。而限额制定方面也存在不合理现象，主要表现为电耗参考基准较单一，如果基准年限电耗异常，将导致限额异常，从而引出一系列问题。另一个问题是只考核电耗导致的合理性降低，因为不同建筑间存在不同的用能结构，如果只把电耗作为考核指标，电气化程度将影响考核公平性。而在整个能耗限额管理的制度保障方面，存在只依靠行政力量的驱动力单一、制度不完善等问题。

而且，在物质资源逐步富足今天，人们对于建筑用能和相对应的建筑节能有了新的认识和看法。建筑能耗管理也从粗放型逐步走向精细化管理：从能源供给侧、能耗需求侧以及能源分配、输送中间环节分别进行合理化改造和完善。北京市作为全国范围内公共建筑电耗限额管理的探索者之一，需要不断探索新方法、新制度，来满足社会发展、能源结构变化、建筑用能合理化等多方面的需求。

在未来的几年，北京市公共建筑能耗限额管理需要在管理方法和管理制度上作出提升和完善。管理方法上主要着眼管理覆盖范围、限额制定方法、全能耗管理等。在制度完善和制度保障方面，要以习近平新时代中国特色社会主义思想为指导，完善地方法律体系以及限额管理执行的保障体系，而且需要从政府层面通过资金、政策等方式促进社会力量、社会资金投入能耗限额管理工作中，形成能耗限额管理工作可以不断前行的新动能。

5.1　完善公共建筑能耗限额管理方法

5.1.1　在保障数据质量的基础上扩展管理对象覆盖范围

北京市公共建筑能耗限额管理系统数据主要包含建筑基础数据和能耗基础数据。能耗限额管理系统中的数据分为三大类：建筑信息、能耗计量设备信息和能耗信息。数据来源主要有三种方式：北京市建委房屋全生命周期平台、北京市电力公司电力系统和人工调研。建筑信息包括：建筑编号、建筑地址、建筑名称、所属行政区、建筑面积、建筑年代，此部分由全生命周期平台提供；建筑功能、产权信息、物业单位、电表编号，此部分为人工调查所得。能耗计量设备信息来源为能源公司，现阶段只有北京市电力公司。主要包括用户编号（电表编号）、用户地址（装表地址）、电价类别、用户名称、用户面积。由于存在人工调研和录入以及多平台之间人工导入数据，所以需要进一步提高此部分数据质量，进一步对全部已采集公共建筑基础信息进行校核与更新，并对未完成采集的建筑基本信息进行采集，此外应该研究和建立需要进行信息变更的建筑、未纳入系统的建筑的信息互联互通方法。

截至 2017 年，北京市公共建筑能耗限额管理系统共纳入公共建筑 11370 栋，总建筑面积为 1.49 亿 m²，占全市公建总面积的 47%（工业、农业、保密单位、军队等建筑不包含在能耗限额管理范围内）。目前建筑纳入系统的先决条件为其信息存在于北京市房屋全生命周期管理信息平台，而该信息平台对于公共建筑信息的纳入并不全面；其次是要求单体建筑的建筑面积在 3000m² 以上，且公建部分占建筑总面积的 50% 以上。但由于北京市自身发展特点，老旧公建所占比重不容忽视。而老旧建筑中面积在 3000m² 以下较多。老旧公建用能量虽然不能与现代大型公建相比较，但节能潜力依旧较高。为实现对公共建筑能耗的全面管理，应当逐步扩大公共建筑管理范围，从区域试点开始，逐步发展为北京市公共建筑全覆盖。

5.1.2 探索提升限额计算方法科学性方法

2014 年 10 月，北京市发布《北京市公共建筑电耗限额管理暂行办法》，规定公共建筑电耗限额依据建筑节能年度任务指标和电力用户历史用电量确定，以 2011 年为基准确定 2014 年、2015 年电耗限额，2016 年以后依旧沿用此办法。但实际考核工作实施过程中，出现 2011 年电耗不稳定、用电处于非正常化等问题。所以，以单一年份或短暂时间跨度为数据基础来确定建筑电耗限额存在片面性和不合理性，需要继续探索新的合理方法，将自身历史用电量与同类型建筑用电水平相结合的限额制定和考核方法。

5.1.3 推进电耗限额向全能耗限额转化的试点

2015 年底，北京市公共建筑面积达到 3.16 亿平方米，其中仍有 53% 的比例为非节能建筑。同时，公共建筑电耗逐年递增，约占全市建筑能耗的 1/3，占全市社会终端能耗比例超过 13%。为降低公共建筑能耗，2016 年北京市住房和城乡建设委员会联合北京市发展和城乡改革委员会、规划和国土资源管理委员会和财政局发布了《北京市公共建筑能效提升行动计划》，明确我市将在 2016 ~ 2018 年间完成不少于 600 万平方米、节能率达到 15% ~ 20% 的公共建筑的节能绿色化改造工作，实现节能量约 6 万吨标准煤。为推进建筑能效提升行动计划的开展，北京市打出了"公共建筑节能组合拳"。

然而，对于公共建筑，由于其体量较大、综合性较强，导致用能结构交错复杂：

一方面对于北方公共建筑而言，由于气候的特殊性，热力能耗是继电力能耗以后第二大项。每年除了日常办公需要大量电能支持，也需要大量不同能源提供热力来维持冬季建筑中各个机能的正常运转。而且，热力具有非单一性，可以从不同途径获得。例如用燃气锅炉直接燃烧供热，以及用电驱动热泵进行供热。

另一方面，由于公共建筑存在多种用途，不同用途建筑对相同能源的消耗特征相异。即便是相同用途建筑，由于体量不同，也导致相同能源的使用特征不同。不同商业综合体中由于餐饮业比例不同而导致燃气使用特征相异。

如图 5-1 所示为北京市大型办公楼、商场和宾馆饭店等 3 类公共建筑的不同能耗占比（数据来源于北京市住房和城乡建设科学技术研究所，抽样统计结果），可以看到，电耗占比最高为 73.1%，最低仅为 57.2%。可见，仅仅对建筑的电耗进行限额管理是不够的，易导致建筑用能由电力向其他能源转移，如可将电锅炉供暖置换为直燃机供暖。因此，2016 年，北京市住房和城乡建设委员会和北京市发展和改革委员会联合发布了《北京市"十三五"时期民用建筑节能发展规划》（京建发〔2016〕386 号），明确要求尽快完善公共建筑能耗管理系统，加强能耗监测，实现建筑用能管理从电耗逐步扩展到全能耗。

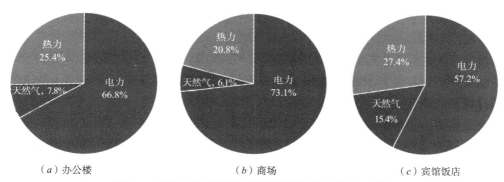

（a）办公楼　　　　　　　（b）商场　　　　　　　（c）宾馆饭店

图 5-1　北京市公共建筑不同能源消耗量占比调研数据

现阶段，北京市公共建筑能耗限额管理系统只包含电力的管理，未涉及天然气、热力等其他能源。而单独考虑其中一种能源使用情况并不能全面考察建筑节能行为。而且从某些情况来看，单项能源考核使整个能耗考核系统出现不公平现象：

（1）对于全面性，在建筑实际使用和管理中，也不存在仅使用一种能源的情况。不同能源之间在某些领域可以相互转化，相互替代。能源使用的多样性并不代表能源使用的合理性和节能性。天然气和电力均可以用于炊事、供热和供冷。供热也可以直接使用市政集中供热的方式。

（2）对于公平性，如果单独考虑电能消耗量，同一建筑在分别使用电驱动污水源热泵供热、使用市政供热和使用天然气区域锅炉供热的情况下，电力消耗明显不同。而使用电驱动污水源热泵供热的方法无论从用能合理性还是环境效益来讲，均优于天然气区域锅炉供热。但是考核结果却恰恰相反，从而使能耗限额管理系统起到了错误的引导作用。

不同能源本身具有品位差别，如果使用不当，将出现"大马拉小车"的现象，也属于能源的浪费。只有当限额系统拓展至全能耗的情况下，才能从用能总量和用能合理性等多角度考核建筑的实际用能情况和建筑管理者的节能行为。

全能耗限额管理与数据采集长效机制相结合，最终达到高效和科学的能耗管理目的，从而实现公共建筑节能和能源利用的可持续目标。

然而，要实现公共建筑的全能耗限额管理，必须解决如图 5-2 所示的 5 大挑战：

（1）数据获取。要实现全能耗管理，首先要获得全能耗的数据。无论是电力、热力还是燃气消耗数据，均需要通过相应的能源供给企业来获取，如何与对应企业形成对接机制、实现各类能源数据的长期稳定获取是首先需要解决的问题。

（2）数据融合。目前北京市公共建筑能耗限额管理信息系统是能耗限额管理工作的主要抓手，所有数据包括建筑基本信息，电力、热力、燃气等能耗数据，以及将来可能的物业数据等，都将汇总到该能耗管理系统平台上，这就面临着多源数据的融合问题，主要是理清各源数据与平台里原有的建筑信息（来源于北京市房屋全生命周期平台）之间的对应关系，同时通过恰当的方式将数据融合后在平台上展示出来。

（3）数据更新。如（2）中所述，北京市公共建筑能耗限额管理信息系统的数据有多个来源（多个平台），因此该信息系统数据的更新源自其他平台的数据更新，其能否顺利、及时地实现也依赖于同其他平台的对接机制，最理想的状态是其他数据平台一旦有更新，该信息系统相应的数据能够实现同步更新，或在同一个数据周期内更新。

（4）全能耗计算。要实现公共建筑的全能耗管理，不可避免地要计算一个建筑的全能耗量（总能耗量）。由于各能源的属性不同，就需要找到一种合理的换算方法，将所有能源用同一种标准能源来表达，进而能进行求和。

（5）全能耗限额测算及考核。全能耗管理工作主要是通过制定限额来鼓励进行建筑节能改造与优化运行管理，因此，全能耗管理面临如何制定全能耗限额以及如何考核的问题，保证全能耗管理工作的科学、合理、公正公平而又具有较强的操作性。

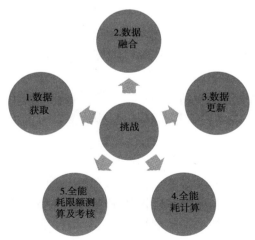

图 5-2　公共建筑全能耗管理面临的 5 大挑战

5.1.4　推进限额向定额转化发展的试点

现阶段北京市公共建筑能耗管理采用限额的方法，即建筑当年能耗量与历史自身数据相比较。但由于建筑的业务、功能、面积等的发展和变更，导致建筑逐年的耗电量会发生波动，且不同的建筑各年的波动幅度也不同，很难统一确定某一年的数据作为限额基准。因此，不考虑各建筑自身用能在年份上的波动，每年为各类建筑划定统一定额，是最直接、也是常用的能耗管理方式，结果显示此方法可有效将大部分电耗强度、能耗量大的用户区分出来。然而，对于高电耗强度或超高电耗强度的建筑用户而言，要在短期内将能耗降到红线以下比较困难，因此极有可能年年被考核通报。此外，待考核通报的建筑过多，也给能耗管理工作人员和业主增加了负担。所以，需要从小范围试点建筑开始，试行定额制度，范围内同一功能建筑统一划线。逐步推向其他区域，直至全市范围。

5.1.5　公共建筑能耗限额管理信息化平台升级

公共建筑能耗限额管理系统作为北京市公建能耗管理的平台，承载着数据入口、查询入口、功能展示等诸多功能。随着管理进程的不断完善，管理需求也会逐步增多，因此公共建筑能耗限额管理平台也需要实现信息化和自动化的升级。平台需充分利用物联网和互联网的发展成果，实现平台服务的智能化和自动化，以及与各个数据相关平台的互联互通。

根据北京市住房城乡建设委与北京市发展改革委联合印发的《北京市"十三五"时期民用建筑节能发展规划》所指出的，应该把握"大数据"建设的契机，以北京市住房全生命周期平台为基础，有效整合公共建筑能耗限额管理和企业管理平台等政府和社会信息资源，构建全市民用建筑用能信息管理和服务平台。探索完善全市民用建筑能源计量器具与建筑基本信息的对接，建立从能源供应到能源需求全覆盖的民用建筑能耗信息系统。

政策机制逐步成熟，公共建筑能耗限额管理的方法应进一步信息化。目前建筑的能耗数据和建筑信息数据来自不同平台。而平台所属管辖单位不同。建筑信息数据管理者北京市房屋全生命周期平台归属北京市建委，电耗数据管理者归属国家电网公司，公共建筑能耗限额管理平台归属于北京市建委。出于权限、商业机密、信息安全等原因，三者无法实现有效信息的自由流通，从而降低了限额管理的效率和准确性。但当国家法律逐步健全，对能源供应商自有数据系统和国家政府数据系统均实现有效保护的情况下，国家可以通过政策机制，促使平台间权限开放，实现三个平台之间必要数据的互联互通。从而减少数据人工传输环节和人工采集环节所导致的准确性和低效性问题。

系统间要实现互联互通，就要面临信息安全、信息公开权限、公开程度的问题。信息安全需要在法律的支持下，通过网络技术手段，加密信息传输和提取的过程。信息获取权限需要多级分层。对管理者 / 负责人、操作者、监管者、数据使用者进行严格的权限分层，而且仍然需要技术手段来保证所有人登录时的信息安全。各个平台需要严格区分有用数据和其他数据，在平台对接、信息交流中，实现只对该功能的数据公开，实现对其他数据的保密要求。

在能耗限额管理系统中，需要对接的平台不仅仅是房屋平台、电力平台、限额管理平台，可能在以后的功能需求中，需要其他平台的介入。所以，可以将平台互联互通的目标分为委内数据互联互通的近期目标和委内与委外数据互联互通的远期目标。委内平台数据互联互通可以在政策机制指引、技术手段的支持下得实现。委内平台与委外平台数据的智能交流除了需要政策、技术手段的支持，还需要为企业平台提供资金和市场上的激励。

5.2 完善公共建筑能耗限额管理制度与保障机制

目前，我国的公共建筑节能工作侧重依靠用户、物业公司或者开发商的自发行为以及实行强制性的建筑节能设计标准来推动。房屋产权单位只关心房屋价格、税收优惠政策，不太关心房屋是否节能，对于建筑的节能性和节能管理所带来的利益也不太清楚。而建筑使用者（租用者）不必承担房屋的购入成本，对使用节能建筑本身所带来的利益也不太清楚。加之目前公共建筑能耗管理市场调节机制尚处萌芽状态，从能源消费者角度来讲，无法积极主动使用能耗限额管理的手段节能。与此同时，对于能源供应商来说，施行公共建筑能耗限额管理、推行公共建筑节能措施，是与其经营目的相悖的。能源供应商的目的在于更多的推广自己所销售能源，扩大经营范围，增加能源使用量和使用比例。所以如果单纯依靠市场机制调节，能源供应商将在不断探索提高能源生产、运输效率，降低成本的基础上，下调价格，刺激公共建筑使用者和管理者的能源消费行为。

所以，在公共建筑节能、公共建筑能耗管理中，推进市场机制内部约束作用的同时，还应该加强外部约束机制，由政府部门通过宣传、政策引导、行政干涉、法律制定等一系列由轻到强的措施在诸多"市场失灵"的区域进行引导、调节和监督。

5.2.1 贯彻习近平新时代中国特色社会主义思想，以绿色发展统领建筑节能

在党的十九大报告中指出，我们要建设的现代化是人与自然和谐共生的现代化。必须坚持节约优先、保护优先、自然恢复为主的方针，形成节约资源和保护环境的空间格局、产业结构、生产方式、生活方式。公共建筑作为北京市能源消耗的主力军，其节能和能耗管理应该在绿色发展的整体思想下作为新时期城市建设的先锋项目。将环境资源作为建筑用能控制的内在要素，通过实施建筑节能助力经济、社会和环境的可持续发展。对于建筑业和建筑节能领域，首先要加强资源节约、环境保护技术的研发和引进消化，提高建筑用能的效率，控制污染物和温室气体的排放；其次要推动建筑节能产业发展，从建筑全生命周期过程中发掘节能潜力；再次，提高建筑用能中资源的综合利用，将建筑能耗中原本视为废弃物的资源重新利用，变废为宝；最后，提高新能

源使用在建筑中的占比，充分发挥、合理利用太阳能、地热能等可再生资源，将城市建筑的碳排放降到合理的低水平范围内。

对于北京市，公共建筑是城市发展和人民生产生活的重要载体，展现了城市现代文明。在京津冀协同发展的背景下，把这些公共建筑规划好、建设好、管理好，建设国际一流的和谐宜居之都具有重要现实意义和深远历史意义。北京市作为首批"节能监管体系建设"试点城市，积极总结、大胆创新、努力探索，结合城市自身发展需要，在国内开创性地提出了"公共建筑电耗限额管理和级差价格"工作方案并积极地开展了研究和探索。从可持续发展的角度讲，现阶段只是整个能耗限额管理工作的开端，要以习近平新时代中国特色社会主义思想为指导，坚持绿色化发展，继续深入探索能耗限额管理工作。

5.2.2　进一步完善地方法规体系

在国家有关建筑节能的法律基础上，地方性法规的作用不容忽视。由于我国幅员辽阔，在气候条件、经济水平、生活习惯等方面不尽相同，所以相比较全国性法律，地方性法规更符合当地发展状况和发展需求。而且地方性法规体系也作为国家级法律法规的补充和完善而不可或缺。

目前，北京市建筑节能工作开展主要依靠《北京市民用建筑节能管理办法》、《北京市公共建筑能效提升行动计划（2016-2018 年）》等。但仍需要从细节出发，将地方性法律法规细化，完善法律法规体系。借鉴德国、美国等先进国家，伦敦、芝加哥等先进城市的管理办法和相关法律条款，除了填补空缺外还需要提出预见性管理办法，使法律法规的步伐迈在时代前列。

5.2.3　进一步加强公共建筑运行节能执法

现阶段北京市公共建筑能耗限额管理是政府监督行为，通过行政手段对整个公共建筑用能方式和习惯做出监督和合理化导向。完善的政府监督除了需要健全的政策机制作为指导和健全地方性法律法规以外，还需要后续严格有效的执法作为支持，将公建能耗管理形成完整链条。在执法形式上，可以采用执法检查、专项监察、专项抽查等方法。其中执法检查主要继续针对未完成能耗限额、未按要求组织能源审计并向建筑节能管理部门报送审计报告的公共建筑的产权单位或运行管理单位。此外，还可以对重点大型公共建筑每年按照一定比例组织节能运行专项抽查等。与此同时，建立健全的执法队伍，提高执法队伍专业性和职业化水平，并且加强能耗限额执行情况公示，实现能耗考核结果的透明化和公平公正化，实现执法的有据可循，配合对考核不合格建筑的责令能源审计和处罚。

5.2.4　形成公共建筑能耗限额管理的新动能

公共建筑能耗管理工作要实现可持续性，离不开多种动力的联合推进。

2013 年 5 月,北京市发布《北京市公共建筑能耗限额和级差价格工作方案（试行）》。

确定了能耗限额指标的制定和考核方法。同时，提出建筑用能级差价格制度。在未来的公共建筑能耗管理中，应该继续推行级差价格制度，增加超限额用能建筑的用能成本，促进建筑使用者、管理者以及产权所有者自发的节能改造和节能管理，形成政府管控指导下的内在节能动力。

但政府指导的行为终究存在盲点。所以全面发展的公共建筑能耗管理无法缺少市场的作用。充分调动市场，让公建管理者、使用者、第三方节能机构等通过资本的流动使得市场行为成为公共建筑能耗限额管理的新动能。

在市场机制的作用下，建筑使用者或管理者，为了降低建筑运行成本，需要向第三方购买节能咨询、节能诊断、节能改造等服务。而第三方节能服务提供机构，为了使自己能够获得更多的利润和更高的市场占有率，就需要开发新的节能技术，提高服务水平，提高节能效果。而公共建筑能耗限额管理，作为政府对全市公共建筑能耗水平的管理和指导方法，为整个建筑节能行业提供了相对准确的评判标准和指导方向。同时，市场机制的运作又反作用于公共建筑能耗限额管理，逐步将限额约束和修正到相对准确和科学的范围，提高了能耗限额管理的准确性和有效性。

除此之外，还可以将能源供应商拉入以上环节中，从能源供应价格方面做出相应调整，以建筑能耗定额为基础，推进能源级差价格体系、峰谷电价体系等，从供需关系上使得建筑能耗限额管理可持续发展。

5.2.5　深化节能宣传教育

能效的迅速提高和节能理念的快速普及，在很大程度上是政策环境与制度体系的产物。仅依靠市场的力量让建筑使用者、管理者认识到建筑节能的关键性和重要性难以达到速度快、范围广的效果。所以需要政府方面加强节能宣传教育工作。

首先，在面向公众方面，每年通过报纸、电视、网络等多种媒体，开展公共建筑能耗限额宣传工作，保证在主流报纸主版完成公共建筑能耗限额管理的专版报道，而且拍摄宣传片，投放于网络、公交、地铁等视频媒体。在全社会范围内提高公共建筑能耗限额管理的影响力，让公众了解能耗管理的作用、目的、服务对象以及每个公众能够为能耗管理及建筑节能做出的贡献。目前，由北京市建委主导，已于 2016 年 12 月 12 日，在《北京日报》刊登《城市节能助力城市"绿色"生活》，以及拍摄动画宣传短片，宣传北京市能耗限额管理平台升级效果以及对全市公建能耗管理方面的服务效果和成果，并且在 2017 年继续这两项宣传活动。

其次，在面向专业人士方面，召集各区有关部门、各建筑管理部门、各物业公司等公共建筑能耗的专业人士，通过举办公共建筑能耗限额的专题会议、专题培训等，从专业层面讲解和培训公共建筑能耗限额管理的相关政策、知识和要求。如 2016 年中北京市建委组织全市各区建委、公共建筑产权人、物业单位代表等参加题目为《公共建筑能耗限额管理政策宣贯暨公共建筑能源审计和大型公建能源利用状况报告工作部署动员会》的公共建筑能耗相关讲座以及年末的公共建筑能耗限额管理工作培训会。

5.2.6　强化对公共建筑绿色化改造的激励与资金保障

根据北京市《北京市"十三五"时期民用建筑节能发展规划》，积极拓展既有建筑节能改造领域，加强激励公共建筑绿色化改造。通过节能绿色化改造示范工程，提升建筑品质、用能效率和管理水平，带动全市公共建筑节能改造工作的发展。建筑节能运行与绿色化改造政策标准体系的建立，除了典型建筑相关数据测试、调研以外，需要有北京市公共建筑能耗现状与发展数据作为依托，否则，建立的标准体系就会出现与北京市现状与特殊性不相称的现象。所以，作为北京市最大的公共建筑能耗管理平台，限额平台应发挥其大数据的统计与指导作用，将公共建筑节能运行、绿色化改造政策实施的精确性提高。反过来，绿色化改造项目又将促进公共建筑能耗限额管理平台的运行。

但是由于既有建筑绿色化改造中，各方（建筑使用者、产权单位、能源提供商、国家等）利益和出发点不同，而且建筑绿色化改造具有投入大、回收期长的特点，所以政府应当在政策引导的基础上，加大经济激励和资金保障，增加财政专项资金，最终实现绿色、经济的综合效果。

所以，对于政府办公建筑，可以建立用能费用与部门预算挂钩机制等方式促进政府部门的节能降耗。对于公益性公建，政府在设立节能专项补助资金的基础上，通过改进补助方式、加大补助力度等，进一步调动积极性。对于商用公建，需要在发挥市场机制主体作用的同时继续辅之以经济奖励政策。

5.3　开创公共建筑电耗限额管理新局面

"十九大"报告中明确指出，从现在到 2020 年，是全面建成小康社会决胜期。我国经济已由高速增长阶段转向高质量发展阶段，我国社会主要矛盾已经转化为人民日益增长的美好生活需求和不平衡不充分的发展之间的矛盾。城市公共建筑能耗管理的主要目的和方法也应该随着新时期的新需求做出调整，坚持一切以人民为中心。

而节能正是为了加快推进生态文明建设，满足人民日益增长的美好生活需要的。一方面通过节能提高能效来增加效益，另一方面通过提高能效来降低人类对自然资源的索取，减少对环境的破坏。

在物质资源逐步富足的新形势、新局面下，新时代的基本矛盾已经变了，之前解决的是有和无的问题，变成现在需要解决的好与不好的问题。在建筑用能方面，已经不仅仅满足于"能用"和"够用"的基本需求，而是对建筑使用过程中的舒适度、便捷性等有了更高的标准。既要使能源利用率提高，又要在保证能源高质量供给、方便使用的同时，提供更好的自然和人文环境。

公共建筑能耗限额管理工作，第一需要发挥好公建用能的参谋助手作用，为社会做好服务；第二，向公共建筑用能单位引入先进的节能技术和产品；第三，公共建筑能耗限额管理系统需要借助政府的力量营造企业和社会主动节能的体制机制。

　　此外，在能耗限额管理的观念和体制方面，也要做出调整，充分发挥建筑使用者、管理者的主观能动性，使其积极关心能耗限额管理工作，从能耗管理的各项数据中真正看到建筑使用过程中现存的不合理性和待解决的问题，真正从限额管理中得到好处，最终实现公共建筑能耗限额为人民和企事业单位的利益，依靠人民和企事业单位的力量，管理的成果由人民共享。

附录1 北京市民用建筑节能管理办法

北京市民用建筑节能管理办法

北京市人民政府令
第 256 号

《北京市民用建筑节能管理办法》已经 2014 年 6 月 3 日市人民政府第 43 次常务会议审议通过，现予公布，自 2014 年 8 月 1 日起施行。

市长　王安顺
2014 年 6 月 24 日

北京市民用建筑节能管理办法

第一章　总则

第一条　为加强本市民用建筑节能管理，降低能源消耗，提高能源利用效率，根据有关法律法规，结合本市实际情况，制定本办法。

第二条　本市行政区域内的民用建筑节能及其监督管理活动，适用本办法。

本办法所称民用建筑节能，是指在居住建筑和公共建筑的规划、设计、建造、使用、改造等活动中，按照有关标准和规定，采用符合节能要求的建筑材料、设备、技术、工艺和管理措施，在保证建筑物使用功能和室内环境质量的前提下，合理、有效地利用能源，降低能源消耗。

第三条　本市民用建筑节能管理工作遵循政府引导、市场调节、社会参与的原则，通过提高节能技术标准，加强节能管理，实现节约能源、改善环境、社会受益。

第四条　住房城乡建设行政主管部门负责本市民用建筑节能管理的综合统筹、监督、协调工作，具体负责民用建筑建造、使用、改造方面的节能监督管理工作。

规划行政主管部门负责民用建筑规划、设计方面的节能监督管理工作；市政市容行政主管部门负责民用建筑供热方面的节能监督管理工作；发改、财政、统计、农村工作等行政主管部门按照职责负责民用建筑节能的相关监督管理工作。

区、县人民政府负责本行政区域内民用建筑节能管理的组织领导工作。

第五条　市住房城乡建设行政主管部门负责编制本市民用建筑节能专项规划，民用建筑节能专项规划的主要指标应当纳入国民经济和社会发展规划。

市和区县住房城乡建设行政主管部门根据专项规划制定民用建筑节能年度工作计划。

第六条 新建民用建筑、实施节能改造的既有民用建筑的建筑节能责任由建设单位承担。设计单位、施工单位、监理单位、检测单位、施工图设计文件审查机构等单位及其相关人员，按照规定承担设计、施工、监理、检测、施工图审查等方面的建筑节能责任。

民用建筑使用中的节能责任由所有权人、运行管理人、使用人按照规定或者约定承担，没有规定或者约定的，由所有权人承担。

第七条 公民、法人和其他组织应当提高节能意识，采取节能措施，加强日常行为节能。

新闻媒体应当加强民用建筑节能宣传工作，普及建筑节能科学知识，引导、鼓励社会公众节能行为。

第八条 本市民用建筑节能工作严格执行国家标准、行业标准和本市地方标准。根据本市民用建筑节能管理工作的需要，可以制定严于国家标准和行业标准的地方标准，地方标准可以制定强制性条文。

第九条 市住房城乡建设行政主管部门会同市规划等部门，定期发布本市推广、限制、禁止使用的建筑材料、设备、技术、工艺目录，并实行动态管理。本市推广安全耐久、节能环保、便于施工的绿色建材，禁止生产和使用黏土砖、黏土瓦、黏土陶粒。

第十条 本市实行公共建筑能耗限额管理制度，逐步建立分类公共建筑能耗定额管理、能源阶梯价格制度，具体办法由市住房城乡建设行政主管部门会同市发展改革行政主管部门制定。

集中供热的公共建筑实行热计量收费制度，集中供热的居住建筑逐步实行热计量收费制度，具体办法由市市政市容行政主管部门会同市发展改革行政主管部门制定。

第十一条 本市建立民用建筑能耗统计制度，具体办法由市住房城乡建设行政主管部门会同市统计、计量行政主管部门制定。

民用建筑的所有权人、使用人、运行管理单位和能源供应单位应当配合建筑能耗调查统计工作，并按照规定提供统计调查所需要的资料。

第十二条 本市在民用建筑中推广太阳能、地热能、水能、风能等可再生能源的利用。民用建筑节能项目按照国家和本市规定，享受税收优惠和资金补贴、奖励政策。

本市节能专项资金中应当安排专门用于民用建筑节能的资金，用于建筑节能技术研究和推广、节能改造、可再生能源应用、建筑节能宣传培训以及绿色建筑和住宅产业化等项目的补贴和奖励。

鼓励以商业银行贷款、合同能源管理等方式推动民用建筑节能工作。

第二章 新建民用建筑节能管理

第十三条 本市编制、调整城乡规划时应当充分考虑气候、地形地貌、资源等条件，按照建筑节能与宜居的要求，对区域功能、人口密度、能源消耗强度、基础设施配置等进行统筹研究、合理安排。

　　第十四条　新建民用建筑在编制项目建议书、可行性研究报告、项目申请报告时应当包括建筑节能内容。

　　达到国家规定的规模和标准的项目，建设单位应当单独编制节能评估文件，由发展改革部门组织节能评估并出具节能审查意见。建设单位应当将节能审查意见中的能源利用方案、能耗指标和提高能效的要求转化成具体措施。

　　第十五条　新建民用建筑的设计说明应当注明符合建筑节能标准、符合固定资产投资项目节能审查意见要求的具体措施。

　　施工图设计文件审查机构应当按照建筑节能标准和规定对施工图设计文件进行审查。经审查合格的施工图设计文件不得擅自变更；确需变更且涉及建筑节能内容的，建设单位应当重新履行施工图设计文件审查程序。

　　第十六条　施工单位应当按照建设工程设计图纸和施工技术标准进行施工，采用符合建筑节能要求的建筑材料、设备和施工工艺；在施工作业中，应当按照本市绿色施工管理规程的要求进行绿色施工。

　　在建设工程项目竣工验收之前，建设单位应当按照规定组织建筑节能专项验收。

　　第十七条　市住房城乡建设行政主管部门应当建立全市建筑材料使用管理信息化监控平台，实行建筑节能材料信用信息管理制度，定期发布建筑节能材料的相关信息，对涉及建筑节能效能的建筑材料实施重点监管。

　　施工总承包单位应当按照规定报送相关建筑节能材料的数据信息。

　　第十八条　新建民用建筑应当按标准和规定安装能耗计量设施，大型公共建筑应当安装能耗分项计量设施。新建民用建筑安装供热计量与温控装置应当符合下列要求：

　　（一）热量表经计量检定合格；

　　（二）温控装置具有检测合格报告；

　　（三）供热计量装置达到数据远传通讯功能；

　　（四）建筑物室内分户安装采暖温度采集远传装置。

　　供热计量与温控装置安装应当便于日常巡检、维修，并保证正常运行。

　　第十九条　采用集中供热的建设工程，建设单位应当在建设工程开工前与供热单位签订集中供热设施的运行管理合同，明确供热计量与温控装置的采购、技术标准及安装要求。供热单位采购供热计量与温控装置，对装置安装工作进行技术指导，参与采暖节能工程分项验收中的供热计量与温控装置安装工程验收工作。供热计量与温控装置不符合要求的，供热单位不予验收。

　　第二十条　本市新建民用建筑执行一星级绿色建筑标准。

　　根据民用建筑节能管理需要，部分新建民用建筑应当按照二星级以上绿色建筑标准或者住宅产业化要求进行建设，具体范围由市住房城乡建设行政主管部门会同规划等部门确定，根据经济社会发展情况实行动态调整，并制定年度建设计划。

　　确定为按照二星级以上绿色建筑标准或者住宅产业化要求进行建设的项目，相关建设标准或者要求应当在土地出让条件、选址意见书或者规划条件中明确。

第二十一条 市规划、住房城乡建设行政主管部门负责组织对按照二星级以上绿色建筑标准进行建设的民用建筑进行绿色建筑评审，对评审合格的民用建筑，颁发绿色建筑设计、运行标识，并按照规定给予补贴或者奖励。

第二十二条 建设单位应当在房屋销售场所、房屋买卖合同、住宅质量保证书、住宅使用说明书中明示所售房屋的建筑节能设计指标、绿色建筑星级、可再生能源利用情况、供热方式、供热单位及供热计量收费方式、节能设施的使用与保护要求等基本信息。

第二十三条 由农村集体组织统一规划、统一建设的三层以上建设项目应当执行本市建筑节能设计标准。

农村村民自建住宅的，鼓励其采用建筑节能设计，使用新型建筑材料和清洁能源。经住房城乡建设行政主管部门认定，农村村民自建住宅符合本市农村村民住宅节能标准、采用清洁能源的，市和区县财政部门可以按照规定给予补贴。

第三章 既有民用建筑节能改造

第二十四条 本市对不符合民用建筑节能强制性标准且有改造价值的民用建筑逐步实行节能改造。区、县人民政府负责统筹推进本行政区域内的节能改造工作。在实行抗震加固、老旧小区改造时，应当同时进行节能改造。

第二十五条 既有普通公共建筑不符合民用建筑节能强制性标准的，所有权人在进行改建、扩建和外部装饰装修工程时，应当同时进行围护结构的节能改造和能耗计量监控设施改造，并依法进行施工图设计审查。既有大型公共建筑不符合民用建筑节能强制性标准的，在进行改建、扩建时，应当同时进行能耗分项计量监控设施和用能系统节能改造。

未同步进行节能改造的，相关行政主管部门不予办理改建、扩建和外部装饰装修工程的相关手续。

第二十六条 本市鼓励对不符合建筑节能强制性标准的既有居住建筑进行围护结构和供热计量改造，改造资金由政府、所有权人共同承担。既有居住建筑属于职工购买公有住宅楼房性质的，改造资金按照本市有关规定及原售房合同的约定承担。

第二十七条 公共建筑的节能改造由建筑物所有权人负责组织实施，公共建筑的所有权人为分散业主的，由公共建筑的运行管理单位负责组织实施工作。

居住建筑的节能改造，属于政府直管或者单位自管的，由房屋管理单位负责组织实施工作；其他居住建筑由区县住房城乡建设行政主管部门或者区县人民政府指定的有关机构负责组织实施工作。集中供热系统热计量改造由供热单位组织实施，负责供热计量与温控装置的采购和组织安装。

中央在京机关、军队、企业、事业单位的居住建筑，由房屋管理单位按照国家主管部门和市人民政府的规定组织实施。本市国有资产监督管理机构按照规定督促所监管企业做好既有建筑节能改造工作。

建筑物所有权人、管理人、使用人应当依法配合节能改造工作。

　　第二十八条　既有居住建筑实施节能改造应当制定改造工作方案。改造工作方案由本办法第二十七条确定的负责组织实施工作的主体制定，并征求房屋所有权人的意见。改造工作方案应当确定实施改造的项目管理人，项目管理人承担建设单位的法律责任。

第四章　民用建筑节能运行

　　第二十九条　实行物业管理的民用建筑，物业服务单位应当按照物业服务合同的约定承担建筑节能运行管理责任。物业服务单位应当向建筑物所有权人提出建筑物节能运行的方案。

　　居住建筑的物业服务单位应当建立健全节能管理制度，开展节能宣传教育，负责物业管理区域内共用部位的节能管理工作。公共建筑的物业服务单位应当设立能源管理岗位，采用节能技术和管理措施，负责用能分类分项计量调控系统、数据远传系统的运行管理。

　　第三十条　公共建筑的所有权人应当采取节能技术和措施，采取建筑物用能系统节能运行方案，减少能源消耗。公共建筑和居住建筑的使用人应当提高节能意识，在日常使用中注意节电、节水、节能。

　　第三十一条　市住房城乡建设行政主管部门会同发展改革等主管部门确定重点公共建筑的年度能耗限额，对具有标杆作用的低能耗公共建筑、超过年度能耗限额的公共建筑和公共建筑的所有权人、运行管理单位定期向社会公布。

　　对超过年度能耗限额的重点公共建筑，有关行政主管部门应当要求建筑物所有权人制定整改方案，并督促其采用节能技术，减少能源消耗。

　　第三十二条　本市建立公共建筑能源利用状况报告和能源审计制度。大型公共建筑的所有权人应当每年向市住房城乡建设行政主管部门报送年度能源利用状况报告。

　　年度能源利用状况报告显示建筑物出现能源利用状况明显异常或者超过公共建筑年度能耗限额 20% 的，市住房城乡建设行政主管部门应当责令该公共建筑的所有权人实施能源审计。所有权人应当聘请能源审计机构进行能源审计，将审计结果报送市住房城乡建设行政主管部门，并依据能源审计结果加强节能管理和实施节能改造。

　　第三十三条　任何人不得损坏、擅自拆改建筑物围护结构保温层、供热计量装置与调控系统、能耗计量设施等。

　　第三十四条　使用空调采暖、制冷的公共建筑所有权人应当改进空调运行管理，充分利用自然通风，管理运行单位和使用人应当按照国家规定实行室内温度控制。

　　第三十五条　新建民用建筑、既有建筑节能改造项目的供热计量和温控装置经验收交付后，供热单位应当按照本市规定实行供热计量，并与用户签订按照供热计量收费的供用热合同。

　　供热单位应当在民用建筑区的显著位置公示实行供热计量信息及其收费标准和收费办法。应当实行供热计量的民用建筑，供热单位未按照供热计量方式收取费用的，用户可以按照供热计量收费的基本热价标准交纳采暖费。

第三十六条 供热单位应当负责并做好供热计量与温控装置的管理、维护、抢修、更新改造等工作，并加强巡检，提高节能运行水平。供热单位应当定期监测水质，并在非供暖季，对供热系统实施充水保养。

市政市容行政主管部门应当做好本市供热计量监督管理工作，畅通供热计量投诉、举报渠道，对用户反映的供热计量意见，及时受理和处理；发现供热单位不按照规定实行供热计量的，应当督促供热单位及时整改，并移送城市管理综合执法部门处理。

第五章　法律责任

第三十七条 建设单位、设计单位、施工单位、监理单位违反本办法规定，未按照民用建筑节能要求建设、设计、施工、监理的，按照《建设工程质量管理条例》、《民用建筑节能条例》及相关法律法规处理。

第三十八条 违反本办法第二十二条规定，建设单位未按照规定履行相关信息告知义务的，由住房城乡建设行政主管部门责令限期改正，处 1 万元以上 3 万元以下罚款。

第三十九条 违反本办法第二十五条规定，公共建筑的所有权人在进行改建、扩建或者外部装饰装修工程时，未按照规定同时进行相关节能改造的，由住房城乡建设行政主管部门责令限期改正，处 3 万元以上 10 万元以下罚款。

第四十条 违反本办法第三十一条第二款规定，重点公共建筑连续两年超过年度能耗限额 20% 的，由住房城乡建设行政主管部门责令改正，处 3 万元以上 10 万元以下罚款。

第四十一条 违反本办法第三十二条规定，未按照要求开展能源审计、未按照规定报送能源审计结果或者报送虚假审计报告的，由住房城乡建设行政主管部门责令改正，逾期不改正的，处 1 万元以上 3 万元以下罚款。

第四十二条 违反本办法第三十三条规定，损坏建筑物围护结构保温层的，由住房城乡建设行政主管部门责令改正，情节严重的，可处 1000 元以上 1 万元以下罚款。损坏供热计量装置与调控系统的，由城市管理综合执法部门责令改正，可处 500 元以上 1000 元以下罚款；情节严重，影响正常供热的，可处 1000 元以上 1 万元以下罚款。

第四十三条 违反本办法第三十四条规定，公共建筑的运行管理单位或者使用人不按照规定执行公共建筑室内温度控制的，由住房城乡建设行政主管部门责令限期改正，逾期不改正的，处 1000 元以上 5000 元以下罚款。

第四十四条 违反本办法第三十五条规定，新建民用建筑、既有建筑节能改造项目的供热计量和温控装置经验收交付后，供热单位不实行供热计量的，由城市管理综合执法部门责令供热单位限期整改，逾期不改正的，处 3 万元罚款。

第六章　附则

第四十五条 本办法所称的新建民用建筑包括新建、改建、扩建和翻建的民用建筑。

第四十六条 本办法自 2014 年 8 月 1 日起施行。2001 年 8 月 14 日北京市人民政府令第 80 号发布的《北京市建筑节能管理规定》同时废止。

附录2 北京市公共建筑能耗限额和级差价格工作方案

北京市人民政府办公厅关于印发北京市公共建筑能耗限额和级差价格工作方案
（试行）的通知

京政办函〔2013〕43号

各区、县人民政府，市政府各委、办、局，各市属机构：

经市政府同意，现将《北京市公共建筑能耗限额和级差价格工作方案（试行）》印发给你们，请结合实际认真组织实施。

北京市人民政府办公厅

2013年5月28日

北京市公共建筑能耗限额和级差价格工作方案
（试行）

为实现本市"十二五"时期公共建筑节能约束性目标，建设资源节约型、环境友好型社会，增强可持续发展能力，根据《中华人民共和国节约能源法》、《民用建筑节能条例》、《财政部住房城乡建设部关于进一步推进公共建筑节能工作的通知》（财建〔2011〕207号）以及《北京市实施〈中华人民共和国节约能源法〉办法》的要求，确保公共建筑能耗限额和级差价格制度的有效实施，制定本工作方案。

一、主要目标、工作原则和实施范围

（一）主要目标

以降低公共建筑能耗为目的，以节能目标考核和价格杠杆调节为手段，在公共建筑中实行能耗限额和级差价格制度，建立以信息化平台、节能目标考核、能耗公示和级差价格为支撑的公共建筑能耗限额管理体系，促进行为节能和管理节能，促进节能改造。

具体工作目标是：2014年将全市70%以上面积的公共建筑纳入电耗限额管理，条件成熟后逐步扩展到综合能耗（含电、热、燃气等）限额管理；2015年力争实现公共建筑单位建筑面积电耗与2010年相比下降10%。

（二）工作原则

坚持节能优先、兼顾公平的原则。实施能耗限额管理的目的是为了促进公共建筑节能；制定限额指标和超限额加价标准要坚持节能优先、兼顾公平，确保实现全市节能目标。

坚持市级统筹、属地负责的原则。市级职能部门主要负责能耗限额制度设计、平台建设、监督检查和业务指导等工作。各区县政府作为责任主体，落实属地责任，全面负责本行政区域公共建筑能耗限额管理工作。

坚持统筹规划、分步实施的原则。以计量基础较好的电耗限额管理为切入点，条件成熟后推广到综合能耗限额管理；做好公共建筑能耗统计和公示工作，开展能耗限额管理和节能目标考核，推进实施能耗超限额级差价格政策。

（三）实施范围

本市行政区域内单体建筑面积在3000平方米以上（含）且公共建筑面积占该单体建筑总面积50%以上（含）的公共建筑，具体实施对象根据公共建筑信息摸排情况确定。

其他公共建筑暂不实施能耗限额管理，相关产权单位和使用单位要提高节能意识，加强日常节能管理，推进节能改造，积极开展节能降耗工作。

二、工作实施方案

（一）开展能耗限额管理基础工作

1. 建立并完善公共建筑基本信息库

建立统一的公共建筑基本信息库。公共建筑基本信息包括建筑物本体信息、建筑使用的能源种类及能耗计量情况、用能设备信息、已采取的节能和管理措施、建筑能耗相关费用支出等内容。建立公共建筑基本信息库与北京市大型公共建筑能耗动态监测、北京市公共机构能耗动态监测等相关业务系统的共享机制，实现公共建筑基本信息库内容的动态更新。开发公共建筑能耗限额管理信息系统，为公共建筑所有权人（或运行管理单位）在线填报建筑信息以及市、区县能耗限额管理部门实施能耗限额管理提供技术平台。

2. 加强能耗计量、监测和统计工作

一是加强公共建筑能耗计量。对于既有公共建筑，产权单位和使用单位要积极推进能耗分类计量改造。实施范围内既有公共建筑或建筑群均要安装建筑能耗分类计量装置，并且在能源结算点处实现分类计量（建筑群要按照建筑产权法人单位计量，如建筑群产权分属不同法人，宜按照能源种类分类计量到楼栋）。新建、改建、扩建单体建筑面积在20000平方米以上（含）的大型公共建筑还要安装建筑用电分项计量装置，实现建筑能耗按栋分类、分项计量。对于新建、改建、扩建公共建筑，分类、分项计量装置应与建筑同步设计、同步施工、同步验收。

二是加强能耗监测工作。大型公共建筑能耗分类分项计量要实现数据自动采集、实时监测；其他公共建筑能耗分类计量数据应自动采集，按月自动上传至公共建筑能耗限额管理信息系统或由人工定期上报。公共建筑上传的分类、分项能耗数据与相关的能耗动态监测平台、房屋全生命周期平台等数据实现互联互通。市电力公司按月定期提供用户用电信息，由限额管理部门将用户用电信息导入到公共建筑能耗限额管理平台。

三是建立公共建筑能耗及基本信息报送制度。公共建筑所有权人是实施建筑能耗及基本信息报送的第一责任单位，其运行管理单位为第二责任单位。责任单位要按照主管部门的要求，按期如实报送公共建筑用能及能耗限额管理方面的统计报表及有关情况。统计报表填写的数据以月为周期，每季度开始后 15 个工作日内填写并上交上一季度的数据报表。

四是发布全市公共建筑单位建筑面积能耗值。相关主管部门每年 1 月 31 日前按类别发布全市公共建筑单位建筑面积能耗均值。该值可作为公共建筑产权单位和运行管理单位对公共建筑内物业实际使用人进行用能考核和结算的依据。

（二）制定能耗限额指标并开展节能目标考核

1. 制定公共建筑（含公共机构）能耗限额指标

积极研究制定公共建筑分类能耗定额标准。现阶段受计量等条件限制，仅对公共建筑用电情况进行限额管理和考核。电耗限额指标是根据建筑历史用电量和本市节能形势发展需要，通过公共建筑能耗限额管理信息系统测算的每个公共建筑电力用户本年度用电量的限值。

对截止到 2014 年 1 月 1 日，正常运行超过 5 年（含）的公共建筑电力用户，2014 年至 2015 年限额指标为 2009 年至 2013 年历史年用电量的平均值按照设定降低率下降一定数值，其计算公式为：

年度电耗限额指标 =2009 年至 2013 年年用电量均值 ×（1− 降低率）

对正常运行未满 5 年的公共建筑电力用户，其年度电耗限额指标按照下列两种测算方法的高值选定：

（1）本年度电耗限额指标 = 该电力用户已有年度用电量平均值 ×（1− 降低率）；
（2）市政府有关部门发布的同类建筑本年度电耗限额指标参考值。

其中，降低率按照下列原则设定：

（1）根据本市公共建筑总体能耗水平、节能潜力和节能发展需求，设定基础降低率，2014 年和 2015 年基础降低率分别为 6% 和 12%，2016 年之后的基础降低率另行制定。

（2）2014 年，根据同类建筑前 5 年单位建筑面积电耗年度平均值排序；2015 年以后，按同类建筑上一年度单位建筑面积电耗排序。对单位建筑面积电耗最低的 5% 公共建筑，当年降低率设定为 0；对单位建筑面积电耗最高的 5% 公共建筑，降低率按基础降低率乘以 1.2 系数取值；其他建筑降低率取基础降低率。

在全市公共建筑计量统计监测基础基本完善、公共建筑能耗限额管理信息系统建设基本完成之后，开展全市分类别公共建筑能耗限额制定工作。将公共建筑使用的各类能源（电、热、燃气等）实物量，按照规定的计算方法和单位折算为综合能耗。对于建筑功能单一的公共建筑，按照宾馆饭店、商场超市、医院、学校、办公楼等分类别制定综合能耗限额指标。对于功能复杂、规模较大、未按照建筑使用功能进行能耗计量的城市综合体类建筑或建筑群，按"综合类"进行综合能耗限额管理。

2. 开展公共建筑节能目标考核

公共建筑节能目标考核内容包括限额指标完成情况和相关制度措施的落实情况。其中限额指标完成情况实行"一票否决制"。制度措施包括节能工作的组织领导、节能目标责任制的建立和落实、节能技术进步和节能改造实施、节能法律法规执行、节能管理工作等内容。

各公共建筑所有权人或运行管理单位应于每年1月20日前将本单位上一年度能耗限额指标完成情况和节能制度措施的落实情况，以及相关证明材料一并报市、区公共建筑能耗限额主管部门。

市公共建筑能耗限额主管部门对考核优秀的公共建筑（占考核的公共建筑总数比例不超过5%）进行通报表扬，对考核不合格的公共建筑进行通报批评、限期整改，并将结果在年度能耗公示中向社会公布。能耗限额考核不合格的公共建筑，当年不得参加市、区县级文明机关、文明单位和北京市物业管理示范项目评选。将公共建筑节能目标考核作为重要内容纳入市政府节能目标责任评价考核考评工作中。

（三）实施超限额用能级差价格制度

向国家主管部门申请开展试点，实施公共建筑超限额用能级差电价制度，增加超限额用能建筑的用能成本，促进节能改造和节能管理。具体级差价格方案报国家主管部门批准后另行发布。

超限额加价费实行"收支两条线"管理，作为市级预算收入按规定随电费征收并上缴市财政，纳入民用建筑节能资金，用于支持公共建筑节能改造和奖励节能工作先进单位。

三、时间安排

（1）2013年4月至8月，制定公共建筑基本信息排查工作方案。组织开发公共建筑基本信息库和能耗限额管理信息系统。各区县政府要按照排查方案具体组织实施，完善公共建筑基本信息库、确定各区县公共建筑能耗限额管理的实施对象。

（2）2013年4月至8月，制定公共建筑能耗限额管理办法、既有公共建筑分类分项计量改造工作方案和公共建筑能耗公示办法等。

（3）2013年6月至9月，将实施对象的历史用电数据导入限额管理系统，测算用电限额，并确定主要类别公共建筑用电限额。

（4）2013年6月至9月，组织开展面向全社会的公共建筑能耗限额管理宣传工作，对公共建筑产权单位和使用单位相关人员进行培训。

（5）2013年10月，公共建筑能耗限额管理信息系统开始运行，试行公共建筑电耗限额管理，开展能耗统计。

（6）2015年第一季度，开展公共建筑节能目标考核和能耗公示。待条件成熟后适时实施综合能耗限额管理。

四、保障措施

（一）组织保障

1.组织管理

加强公共建筑能耗限额管理工作的组织领导，发挥部门联动机制，市住房城乡建设委、市发展改革委、市财政局、市市政市容委、市质监局、市统计局等部门和市电力、热力、燃气等公司按照职责分工，各司其责。区县政府及其所属部门和街道办事处落实属地责任，统筹协调推进相关工作。市、区县住房城乡建设部门负责非公共机构的公共建筑能耗限额管理工作，市、区县发展改革部门负责公共机构的公共建筑能耗限额管理工作。市、区县主管部门可委托专业的节能服务机构作为公共建筑能耗管理技术支撑单位。

2. 职责分工

市住房城乡建设委负责本市公共建筑能耗限额管理工作的制度设计、公共建筑能耗限额管理信息系统建设和维护、制定能耗限额测算方法和考核奖励制度、开展宣传培训等工作。

市发展改革委负责拟订用能超限额级差价格方案，并报国家主管部门批准；负责全市公共机构能耗限额管理、考核和监督等工作。

市财政局负责制定超限额加价费征收和管理细则，安排资金支持公共建筑能耗限额管理信息系统的建设与维护，支持本市公共建筑分类分项计量和节能改造等工作。

市市政市容委负责统筹推进热力、燃气等用能计量工作，配合相关部门推进综合能耗限额管理等工作。

市统计局负责公共建筑能耗统计指导等工作。

市教委、市商务委、市旅游委、市文化局、市卫生局、市广电局、市体育局等部门配合市住房城乡建设委和市发展改革委，完成各系统所属单位公共建筑能耗限额管理工作，指导、监督和考核各系统公共建筑产权单位和使用单位开展节能等工作。

市国资委负责配合有关部门指导、监督所监管单位公共建筑能耗限额管理工作，配合相关部门开展节能目标责任评价考核考评，并依据结果对国有企业负责人经营业绩进行考核。

各区县政府负责组织开展能耗限额管理实施对象认定、建筑和能耗信息申报、公共建筑考核和奖励、能源审计和公共建筑节能改造等工作。

市电力公司负责公共建筑电力消耗计量工作，负责传送公共建筑电耗数据至公共建筑电耗限额管理平台；负责超限额加价费随电费征收并上缴市财政；配合开展公共建筑能耗限额管理信息系统建设工作、公共建筑实施对象认定等工作。

市热力公司负责公共建筑热力能耗计量工作，配合开展公共建筑能耗限额管理信息系统建设和综合能耗限额管理等工作。

市燃气公司负责公共建筑燃气消耗计量工作，配合开展公共建筑能耗限额管理信息系统建设和综合能耗限额管理等工作。

公共建筑所有权人和运行管理单位负责公共建筑内部节能责任制度的建立和落实、组织开展节能管理工作、实施节能技术改造项目，并参照本工作方案，对公共建筑内物业实际使用人实施能耗限额和级差价格管理。

（二）政策保障

制定公共建筑能耗限额管理办法，明确规定公共建筑能耗限额管理的适用范围、部门职责、管理机制等内容，报市政府批准后实施。相关部门根据各自职能，制定超限额加价费征收和使用细则等。

（三）资金保障

市、区县财政部门按照有关法律法规和政策以及本工作方案要求安排资金，支持开展公共建筑能耗限额管理相关工作。

（四）技术保障

制定技术规程和规范，确保实施对象认定信息完备准确、公共建筑能耗限额管理信息系统建设和运行安全可靠、限额标准制定先进适用、限额指标发布和实施有效运转。

（五）节能监察

市住房城乡建设委、市发展改革委等执法部门对公共建筑执行能耗限额管理情况进行监督检查。对不按规定安装计量装置、不按规定上报建筑和能耗数据信息的公共建筑所有权人和运行管理单位予以通报并责令整改。

（六）宣传培训

通过报纸、电视、网络、展会等多种媒介，广泛宣传公共建筑能耗限额管理工作。组织开展相关业务培训，不断提高公共建筑节能运行管理水平。

附录 3 北京市公共建筑电耗限额管理暂行办法

北京市公共建筑电耗限额管理暂行办法

京建法〔2014〕17 号

第一章 总则

第一条 为推动本市公共建筑节能，确保公共建筑在保证使用功能和室内环境质量的前提下，降低使用过程中的电耗，实现"十二五"时期建筑节能约束性目标，依据《民用建筑节能条例》、《"十二五"节能减排综合性工作方案》、北京市实施的《中华人民共和国节约能源法》办法《北京市民用建筑节能管理办法》（市政府令第 256 号）、《北京市人民政府办公厅关于印发北京市公共建筑能耗限额和级差价格工作方案（试行）的通知》（京政办函〔2013〕43 号，以下简称工作方案）有关规定，制定本办法。

第二条 本市行政区域内公共建筑电耗限额管理实施对象的确定、电耗限额管理基础信息的采集与核查、电耗限额指标的确定与考核，适用本办法。

第三条 本市公共建筑电耗限额管理的实施对象（以下简称：实施对象）是本市行政区域内单体建筑面积在 3000 平方米以上（含）且公共建筑面积占该单体建筑总面积 50% 以上（含）的民用建筑。

保密单位所属公共建筑除外。

第四条 本市公共建筑电耗限额管理的考核对象为电力用户，即与电力公司结算电费的建筑所有权人、所有权人委托的运行管理单位或者建筑物实际使用单位等。鼓励单体建筑安装电耗计量及结算装置，逐步实现对单体建筑电力用户进行考核。

第五条 市住房城乡建设委负责本市公共建筑能耗限额管理工作的综合协调；负责公共建筑电耗限额管理信息平台的建设、维护；负责公共建筑电耗限额的确定、发布、调整、考核、监管以及宣传培训；负责技术依托单位的招标、确定等工作。

市发展改革委负责拟订电耗限额管理的差别电价政策，并报市政府批准实施；组织全市公共机构（不含中央在京公共机构）电耗限额管理、考核和监督工作；负责协调推进中央在京公共机构开展电耗限额工作。

市财政局、市统计局、市教委、市商务委、市旅游委、市文化局、市卫生计生委、市新闻出版广电局、市体育局、市国资委、市金融局、市园林绿化局、市电力公司等部门和单位按照职责分工开展相关工作。

第六条 公共建筑电耗限额工作实行属地管理，各区县政府全面负责本辖区内公共建筑电耗限额管理工作。

区县住房城乡（市）建设委及经济技术开发区建设局统筹协调本行政区域内公共

建筑电耗限额管理工作，并指导、监督公共建筑业主开展能源审计和公共建筑节能改造等工作。

乡镇政府和街道办事处具体负责组织电耗限额管理实施对象认定、建筑和电耗信息申报、电耗限额指标的确认。

区县各行业主管部门和国资委负责协调、督促本系统、本行业各企事业单位开展公共建筑能耗限额管理工作，配合开展节能目标责任考核考评工作。

第七条 电力用户应当配合主管部门做好公共建筑基础信息的采集填报、电耗限额的确认和落实。

电力用户包括多栋公共建筑的，由与电力公司结算电费的建筑所有权人、所有权人委托的运行管理单位或者实际使用单位等，参照本办法对公共建筑内实际使用人或使用单位按照建筑面积、实际用电等情况实施电耗限额管理。

第八条 市住房城乡建设委、区县政府及其所属部门可通过招标方式确定相关节能服务机构作为市和区县公共建筑电耗限额管理的技术支撑单位。技术支撑单位受主管部门委托负责公共建筑电耗限额工作的技术咨询、信息采集，配合完成限额确定、限额发布、宣传培训等相关工作。

技术支撑单位对涉及公共建筑电耗限额管理的相关信息和数据负有保密责任。

第二章　公共建筑基础信息采集与变更

第九条 公共建筑基础信息包括建筑规模、使用功能、建筑所有权人和运行管理单位、电力用户编号及相关信息。

第十条 公共建筑基础信息由公共建筑所有权人或其委托的运行管理单位填报，区县住房城乡（市）建设委负责初审，市住房城乡建设委负责复审，由技术支撑单位将基础信息和电力公司提供的历史用电量录入北京市公共建筑电耗限额管理信息平台。

第十一条 市、区住房城乡（市）建设行政主管部门在民用建筑节能专项验收备案时，对具备条件的新建公共建筑，将电力用户编号信息纳入备案资料。区住房城乡（市）建设行政主管部门于每年一季度将上一年度竣工投入使用的新建、改建、扩建和装修后的公共建筑基础信息上报市住房城乡建设委，录入北京市公共建筑电耗限额管理信息平台。

第十二条 公共建筑基础信息发生变更的，由公共建筑所有权人、运行管理单位或使用单位提出基础信息变更申请，经区县住房城乡（市）建设委核实后报市住房城乡建设委进行变更。

第三章　电耗限额的确定与调整

第十三条 公共建筑电耗限额依据本市建筑节能年度任务指标和电力用户历史用电量确定。2014 年、2015 年公共建筑电耗限额的确定方法如下：

（一）2013 年耗电量比 2011 年增加的电力用户，2014 年、2015 年限额值在 2011年耗电量基础上，按 6% 和 12% 降低率分别确定。

（二）2013年耗电量比2011年降低的电力用户，在2011年耗电量基础上，按照12%扣减2013至2011年已降低率后平均分配到两年的原则，确定2014年和2015年的限额值。

（三）2013年耗电量比2011年已经下降12%以上的电力用户，2014年、2015年限额值均按2013年耗电量进行考核。

（四）2011年用电量数据不完整的电力用户，限额计算以数据完整年度用电量为基准，2014年、2015年限额值在此基准上分别降低6%和12%。

（五）对于未按期填报基础信息的电力用户，其年度电耗限额参照同类建筑单位建筑面积电耗限额值较低的前10%平均水平确定。

（六）2016年以后年度的限额另行制定。

第十四条　市住房城乡建设委通过北京市公共建筑电耗限额管理信息平台发布电力用户电耗限额。

第十五条　电耗限额采用网络在线确认方式。电力用户在限额发布后一个月内登录公共建筑能耗限额管理信息平台查询限额，逾期未确认的系统视同为自动确认。

第十六条　因建筑面积变化等特殊情况，电力用户对年度电耗限额提出调整的，需在年度用电限额发布一个月内通过系统递交调整申请，系统将自动延期确认时间。区县住房城乡（市）建设委对递交的调整申请材料负责初审，经市住房城乡建设委复审确认后调整。

第四章　电耗限额数据的使用与考核

第十七条　公共建筑电耗限额管理信息平台定期向公共建筑所有权人、运行管理单位或使用单位公布其本年度电耗限额以及上一年度全市同类公共建筑电耗平均值和最低值、电力用户实际电耗数据，并通过系统进行比对和预警。

第十八条　市住房城乡建设委、市发展改革委会同相关部门于每年3月底之前将列入本市电耗限额管理对象范围的建筑物及所有权人、运行管理单位或使用单位的名单进行公示。并根据上一年度实施对象的限额执行情况，会同有关部门确定实施对象中电耗水平前5%的低电耗建筑和超过限额20%的高电耗建筑，并通过北京市住房城乡建设委门户网站向社会公布其建筑名称、建筑地址、所有权人、运行管理单位或使用单位。

市住房城乡建设委、市发展改革委会同相关部门对考核优秀的前5%的低电耗建筑进行通报表扬，对超限额20%的高电耗建筑的所有权人、运行管理单位或使用单位进行通报批评和限期整改。电耗限额考核不合格的公共建筑所有权人，当年不得参加市、区县级文明机关、文明单位评选，电耗限额考核不合格的公共建筑，不得参加北京市物业管理示范项目评选。

第十九条　市、区住房城乡（市）建设行政主管部门对公共建筑执行电耗限额的情况组织监督检查。对不按规定报送基础信息与电耗统计数据、不按规定执行限额管理的公共建筑所有权人和运行管理单位予以通报，责令整改。

  第二十条 电力用户年实际耗电量超过限额 20% 的，市住房城乡建设委可责令其所有权人实施能源审计，将审计结果报送市、区住房城乡（市）建设行政主管部门，并依据能源审计结果加强节能管理和实施节能改造。

  第二十一条 连续两年超过年度电耗限额 20% 的电力用户，市发展改革委将其优先列入有序用电和拉路序位计划，市、区住房城乡（市）建设执法部门根据《北京市民用建筑节能管理办法》相关规定责令其改正，处 3 万元以上 10 万元以下罚款。

第五章 附则

  第二十二条 本办法自发布之日起施行。

附录4 北京市公共建筑能效提升行动计划

京建发〔2016〕325号

"十二五"时期，我市建筑节能领域开拓创新、攻坚克难，着力提高新建建筑节能标准，全面开展老旧小区和农村节能抗震综合改造，强化公共建筑节能运行管理，大力推动绿色建筑、装配式建筑以及可再生能源建筑一体化应用，全面完成了确定的主要目标和工作任务。"十三五"时期，我市建筑节能工作仍面临艰巨挑战。目前，我市仍有1.7亿平方米存量非节能公共建筑尚未进行节能改造，占全市城镇公共建筑总面积的53%。仅公共建筑电耗一项就占全社会终端能耗的约13%，公共建筑已经成为我市能源消耗的重点，节能潜力巨大。

实施公共建筑能效提升工程，降低我市公共建筑能耗，提升公共建筑能源利用效率，是我市贯彻党中央、国务院关于加强生态文明建设及京津冀协同发展战略决策的必然需求，也是落实中央城市工作会议精神和《中共中央国务院关于进一步加强城市规划建设管理工作的若干意见》的有效途径，对我市建设国际一流的和谐宜居之都有着积极意义。

一、指导思想与总体目标

（一）指导思想

深入贯彻学习习近平总书记系列重要讲话精神和对北京工作重要指示，贯彻落实《京津冀协同发展规划纲要》、中央城市工作会议精神及"创新、协调、绿色、开放、共享"的发展理念，将城市发展建设与节能减排紧密结合，把建设低碳城市作为首都未来的战略方向。以技术进步、制度创新为动力，构建公共建筑节能绿色化改造政策标准体系，积极创建公共建筑节能绿色化改造投融资模式，加快推进公共建筑节能绿色化改造工作，不断提升公共建筑节能管理水平，提高城市环境质量、人民生活质量、城市竞争力，努力把北京建设成为和谐宜居、富有活力、特色鲜明的首善之区。

（二）总体目标

严格执行新版《公共建筑节能设计标准》DB11/687—2015，新建政府投资公益性建筑和大型公共建筑全面执行绿色建筑二星级及以上标准；2018年底前，完成不少于600万平方米的公共建筑节能绿色化改造工作，实现节能量约6万吨标准煤；构建完善公共建筑节能运行及节能绿色化改造政策标准体系，创新公共建筑节能工作机制；大力推进我市公共建筑节能管理工作，提升公共建筑节能运行和信息化管理水平，2018年底之前完成公共建筑节能管理服务平台建设。力争利用3年时间，切实提升公共建筑能效水平，降低公共建筑单位面积能耗，形成公共建筑节能工作社会、政府和企业三方受益的新局面。

（三）基本原则

坚持政府引导，市场主导。更好地发挥政府在顶层设计、统筹协调、政策激励等方面的引导作用；突出市场的主导地位，发挥市场在资源配置中的决定作用，引导更广泛的社会资源积极参与我市公共建筑能效提升工作。

坚持属地管理，部门联动。充分发挥各区建筑节能主管部门的属地管理作用，以区为主体开展公共建筑能效提升工作；强化市区两级建筑节能联席会议制度，建立部门联动机制，多管齐下，齐抓共管，有效推动公共建筑能效提升工作开展。

坚持信息共享，资源整合。充分整合现有建筑节能领域相关资源，建立信息共享、互联互通、通力合作的工作机制，消除信息孤岛，提高行政效力，形成工作合力。

坚持统筹兼顾，重点突出。统筹公共建筑能效提升各项工作，坚持一方面抓政策集成，一方面抓市场培育，激发公共建筑节能的市场活力；以公共建筑节能绿色化改造为重点，加大政府资金奖励力度；以公共建筑节能管理服务平台建设为突破点，强化我市各类建筑节能信息平台深度融合。

二、主要任务

（一）全面提升新建公共建筑能效水平

强化我市新建公共建筑规划审查，施工图审查，设计审查备案，施工、竣工验收备案及销售使用等环节的全过程监管，严格执行节能设计审查备案制度，加强对新建公共建筑的日常核查，严格执行新版《公共建筑节能设计标准》DB11/687—2015，确保我市增量公共建筑能效水平的提升；在北京城市副中心市级行政办公区、北京新航城、海淀北部新区等区域建设一批超低能耗和高星级绿色公共建筑，对我市新建公共建筑起到引领和示范作用。

在新建政府投资公益性建筑及大型公共建筑中全面执行二星级及以上标准；绿色建筑示范区、重点产业功能区内的新建民用建筑，按照绿色建筑二星级及以上标准建设的建筑面积比例达到40%以上；北京城市副中心市级行政办公区全部建筑达到绿色建筑二星级以上水平，其中三星级绿色建筑比例达到70%；在社会资金开发的房地产项目中鼓励执行绿色建筑二星级及以上标准。

（二）大力推进公共建筑节能绿色化改造

2016～2018年，完成不少于600万平方米的公共建筑节能绿色化改造；改造内容以用能系统改造为主，鼓励中小型公共建筑同步开展围护结构改造。公共建筑节能绿色化改造平均节能率不低于15%，大型公共建筑节能率不低于20%，并鼓励申请一星级绿色建筑标识。因非首都功能疏解搬迁腾退且不满足现行节能设计标准的公共建筑，应进行节能绿色化改造，并鼓励申请一星级绿色建筑标识。财政拨款的公共机构应率先开展自身建筑节能绿色化改造工作，开展建筑基本用能需求分析，提出分阶段建筑节能改造计划和项目清单并报建筑节能主管部门备案。

面向社会公开征集公共建筑节能绿色化改造项目，构建我市公共建筑节能绿色化改造项目库。对纳入中央重点城市公共建筑节能绿色化改造范围，享受中央财政 20 元/平方米资金补助的项目，市级财政按 30 元/平方米给予配套奖励，各区根据自身实际情况安排配套资金支持我市公共建筑节能绿色化改造工作。

（三）提升公共建筑节能管理和信息化水平

继续开展公共建筑能耗限额管理工作。根据市住房城乡建设委、市发展改革委联合印发的《北京市公共建筑电耗限额管理暂行办法》，在全市范围内继续组织对重点公共建筑开展能耗限额管理工作。对超过电耗限额 20% 的建筑，责令建筑所有权人实施能源审计，并依据能源审计结果加强节能管理和实施节能改造，改造项目纳入我市公共建筑能效提升工程项目储备库。建立健全公共建筑能源利用状况报告、能源审计制度和能源管理师制度。

整合我市公共建筑节能相关数据信息资源，形成涵盖我市公共建筑基本信息和能源利用信息的大数据系统。在既有公共建筑能耗大数据分析的基础上，研究数据公开机制，建立配套的节能服务体系，引导我市节能服务公司开展公共建筑的节能绿色化改造服务工作。

充分利用我市房屋全生命周期平台数据，整合公共建筑能耗限额管理系统，公共建筑能耗比对系统，大型公建能耗监测平台和能耗统计、能源审计、清洁生产、电力需求侧等数据信息，建设集建筑节能监管和公众服务为一体的"公共建筑节能管理服务平台"。鼓励公共建筑所有权人、所有权人委托的运行管理单位或者建筑物实际使用单位建设建筑能耗监测平台并与"公共建筑节能管理服务平台"对接。

完善我市政府机关办公建筑和大型公共建筑能耗监测系统，实现建筑用能从电量监测扩展到全能源监测。根据不同类型公共建筑用能特点，在完善建筑用能限额指标体系的基础上，落实公共建筑差别电价政策，强化公共建筑能耗限额的差异化和精细化管理。

健全公共建筑能效公示制度。政府机关办公建筑和大型公共建筑率先实行能效公示，实施重点用能建筑的全能源监控和定期公示制度。严格实施并完善绿色建筑运营管理标准体系与技术体系，通过科学管理、技术改造和行为引导，提高公共建筑使用过程中的节能、节水和节材实效，积极推广建筑能效标识和绿色建筑运行标识认证。

三、职责分工

市住房城乡建设委负责我市公共建筑能效提升全面工作，包括制定相关政策标准，组织开展新建建筑的日常核查及公共建筑的能耗限额管理、能源利用状况报告、能源审计、公共建筑节能绿色化改造、节能管理服务平台建设、绿色建筑运行标识评审等相关工作；指导区住房城乡（市）建设委开展公共建筑能效提升工作。

市发展改革委负责全社会节能工作，会同市住房城乡建设委开展公共建筑能效提升工作相关配套政策制定，协同指导推进公共建筑开展能源审计、合同能源管理、能源利用状况报告、清洁生产审核、能源管理师培训和节能宣传等相关工作。

市规划国土委负责新建公共建筑节能设计标准的施工图审查，绿色建筑的设计标识评价等相关工作；负责公共建筑节能改造的施工图审查等相关工作。

市财政局负责制定公共建筑能效提升工程财政支持政策，并对资金使用主体、使用方式进行监督。

各行业主管部门负责本行业内公共建筑能效提升相关工作的业务指导和检查督导，确保公共建筑能效提升工作按年度工作计划实施。

各区政府负责本辖区公共建筑能效提升的具体工作；按要求定期上报辖区内公共建筑能效提升工作的推进情况。

四、保障措施

（一）资金保障

综合利用住房城乡建设部和财政部"公共建筑节能改造示范城市"建设资金、市级节能减排专项资金等支持我市公共建筑能效提升工程。充分利用我市已有的能源审计、清洁生产及合同能源管理补贴政策开展能源审计、清洁生产审核及公共建筑节能绿色化改造工作；安排市级配套资金，在中央财政资金补助的基础上，对公共建筑节能绿色化改造给予支持。政府机关、教育、科技、文化、体育、卫生等公共机构的改造费用由原资金渠道解决。

拓展资金筹措渠道，鼓励社会资金参与公共建筑节能绿色化改造，完善利用合同能源管理和PPP模式开展公共建筑能效提升工程的相关资金政策。

（二）政策保障

研究公共建筑节能绿色化改造资金奖励政策，制定《北京市公共建筑节能绿色化改造项目管理暂行办法》，明确资金奖励标准和资金来源；建立我市公共建筑能源利用状况报告上报制度和能源审计制度。

严格执行《北京市民用建筑节能管理办法》（市政府令第256号）相关要求，制定配套政策。对不符合民用建筑节能强制性标准的既有公共建筑要求在进行改建、扩建和外部装饰装修时，同时进行围护结构的节能改造和能耗计量监测设施改造。

（三）技术保障

制定《北京市公共建筑节能绿色化改造节能量核定办法》和《北京市公共建筑节能绿色化改造技术指南》，建立公共建筑能效提升工作专家库；选拔入围公共建筑节能量核定单位及节能服务公司。

编制发布《北京市绿色建筑适用技术推广目录》，开展绿色建材标识认证。在政府投资公益性项目和大型公共建筑项目中坚持主动优化、被动优先的技术路线，推广应用雨水收集利用、太阳能光热等可再生能源利用、建筑信息模型综合优化、预制装配集成技术、高效节能的照明、风机、水泵、热水器、电梯及节水器具等节能产品和高性能混凝土、预拌砂浆等绿色建材。开展"北京市公共建筑节能管理服务平台"课题研究工作。

（四）机制保障

鼓励公共建筑业主或所有权人及使用单位采用合同能源管理的方式开展节能改造

工作。对改造完成的公共建筑，鼓励业主或所有权人采用能源费用托管的形式交由节能服务公司进行运维和管理。

公共建筑的物业服务单位应当设立能源管理岗，鼓励我市大型公共建筑能源管理部门聘任能源管理师。

积极开展公共建筑能效比对工作。倡导我市公共建筑业主在"公共建筑节能管理服务信息系统"上完善建筑和能耗信息并进行能效比对，据此开展能源审计及节能改造。

研究采用合同能源管理或 PPP 模式开展公共建筑节能绿色化改造工作；鼓励企业优先选择已完成节能绿色化改造的公共建筑注册和办公，研究出台税收优惠政策，对租、购超低能耗或绿色标识认证的公共建筑办公的小微企业给予税收减免或优惠。

五、工作要求

（一）加强组织领导和协调推进

市住房城乡建设委会同相关行业主管部门加强公共建筑能效提升工作的组织协调和统筹调度，及时沟通解决公共建筑能效提升工程推行过程中存在的困难和问题，适时开展专项督导，统筹抓好各项工作的落实。

（二）严格考核评价

将公共建筑能效提升工作纳入全市节能考核评价体系，定期下达工作考核任务及指标，建立信息通报、成效评估与工作督导推进机制。分领域组织开展工作成效评价，对重点区域推进的效果进行量化绩效评估。及时总结工作推进经验教训，形成适合我市公共建筑能效提升工作的推进模式。

（三）建立长效机制

建立市场引导的公共建筑能效提升长效机制，从政策、资金、技术、人员等方面入手，引导公共建筑采取灵活多样的能效提升手段和投融资模式，促进公共建筑能效提升工作的良性循环。

（四）加强宣传培训

组织全市建筑能效提升工程专题培训会和各类型研讨会，宣传普及公共建筑能效提升理念和政策、知识和方法；利用多种媒体进行广泛宣传，将公共建筑能效提升的理念真正运用到公共建筑日常节能管理中。

附录5 关于加强我市公共建筑节能管理有关事项的通知

京建发〔2016〕279 号

北京市住房和城乡建设委员会

北京市发展和改革委员会

各区住房城乡建设委，东城、西城区住房城市建设委，经济技术开发区建设局，各区发展改革委，各有关单位：

为加强我市公共建筑节能管理，方便各产权单位开展公建能源利用状况报告和能源审计工作，依据《北京市民用建筑节能管理办法》（市政府令第 256 号）、《关于印发北京市公共建筑能耗限额和级差价格工作方案（试行）的通知》（京政办函〔2013〕43 号）和《关于印发〈北京市公共建筑电耗限额管理暂行办法〉的通知》（京建法〔2014〕17 号），现将有关事项通知如下：

一、市住房城乡建设委负责全市公共建筑的能源利用状况报告和能源审计工作的总体推进、协调和监督，负责全市大型公共建筑（建筑面积在 2 万平方米及以上的公共建筑）的能源利用状况报告，以及超电耗限额 20% 的公共建筑能源审计工作的实施；建筑所有权人应当聘请能源审计机构进行能源审计，将审计结果报送市住房城乡建设委，并依据能源审计结果加强节能管理和实施节能改造。

二、本市所有大型公共建筑的产权单位应当于每年 3 月 30 日前，通过北京市公共建筑能耗限额管理信息系统（网址：http://nhxe.bjjs.gov.cn）中的大型公建能源利用状况报告在线填报功能，填报上年度公建能源利用状况。

三、市住房城乡建设委与市发展改革委于每年 4 月 15 日前发布上年度超电耗限额 20% 以上的公共建筑名单，其产权单位应当于每年 6 月 15 日前，向所在辖区的住房城乡（市）建设委报送审计期为上年度的《能源审计报告》，各区住房城乡（市）建设委初步审查后报市住房城乡建设委。市住房城乡建设委将逐步开发在线能源审计系统。

四、因建筑面积变化等特殊情况，公共建筑产权单位对年度电耗限额提出调整的，应在年度用电限额发布一个月内通过北京市公共建筑能耗限额管理信息系统提交调整申请，市住房城乡建设委方可对其限额进行重新核定。

五、需进行能源审计的公共建筑，其产权单位可自主选择能源审计机构开展能源审计工作，能源审计依据《公共建筑能源审计技术通则》DB11/T1007—2013 中的"简单审计"标准执行。

六、需进行能源审计的公共建筑的产权单位，若与市、区发展改革部门要求进行能源审计单位重复的,可将审计期为同年的《能源审计报告》提交至市、区住房城乡（市）建设行政主管部门,不必重复进行能源审计。

七、已完成能源审计的公共建筑产权单位,应当依据《能源审计报告》的整改建议,及时制定节能整改方案,并按照方案进行整改。市、区住房城乡（市）建设行政主管部门将不定期对整改情况进行随机抽查。

八、对按照本通知要求按时报送能源利用状况报告、实施能源审计、制定节能整改方案并按照方案整改的,优先支持其建设能耗监测系统和进行节能改造,具体资金补贴政策另行发布。

九、依据《北京市民用建筑节能管理办法》（市政府令第 256 号）第四十一条规定,对未按照要求开展能源审计、未按照规定报送能源审计结果或者报送虚假能源审计报告的,由住房城乡建设行政主管部门责令改正,逾期不改的,处 1 万元以上 3 万元以下罚款。

十、各大型公共建筑的产权单位,于 2016 年 8 月 30 日前完成 2014 年度和 2015年度的能源利用状况报告的在线填报;请超电耗限额 20% 的公共建筑的产权单位（第一批名单见附件）,于 2016 年 9 月 15 日前向各区住房城乡（市）建设行政主管部门报送审计期为上年度的《能源审计报告》。在线能源审计系统未上线之前,请各单位暂时采用纸质版报送《能源审计报告》,并加盖单位公章。

十一、各公共建筑的产权单位应及时登录北京市公共建筑能耗限额管理信息系统,查看所属公共建筑的电耗及限额情况,并做好相关工作。各单位在执行过程中遇到具体技术问题时,可登录该系统,按照首页提示咨询方式进行咨询或反馈,或拨打技术支撑单位咨询电话:王工:68179881-804,13811544329;梁工:68179881-814,13401027612。

十二、本通知所述的应由公建产权单位承担的职责范围,产权单位也可委托其建筑运行管理单位开展相关工作。

附录 6　主要基础数据

目前北京市公共建筑能耗限额管理信息系统现存有效数据整体概况列表如下：

平台总数据概况

附表 6-1

限额 （个）	建筑栋数 （栋）	建筑面积 （亿m²）	2011年电量 （亿kW·h）	2012年电量 （亿kW·h）	2013年电量 （亿kW·h）	2014年电量 （亿kW·h）	2015年电量 （亿kW·h）
6559	9636	1.27	162.83	169.04	175.70	172.20	170.91

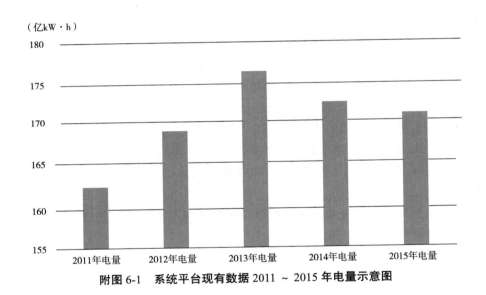

附图 6-1　系统平台现有数据 2011 ~ 2015 年电量示意图

从附表 6-1、附图 6-1 中可以看出，2011 ~ 2013 年全年电量是上升阶段，从 2013 年开始出现拐点，2014 年、2015 年电量逐年下降。

平台总数据 2014 年、2015 年电量与限额

附表 6-2

限额个数（个）	建筑栋数(栋)	2014年电量 （亿kW·h）	2014年电耗限额 （亿kW·h）	2015年电量 （亿kW·h）	2015年电耗限额 （亿kW·h）
6559	9636	172.20	150.93	170.91	143.27

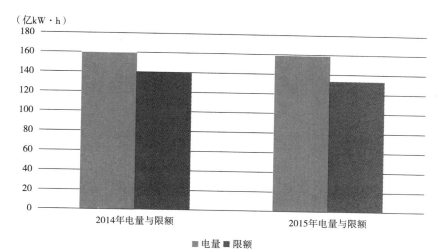

附图 6-2　系统平台现有数据 2014 年、2015 年两年电量与限额对比情况

从附表 6-2 和附图 6-2 中可以看出 2014 年电量大于 2014 年电耗限额，超限额 14.09%。2015 年电量大于 2015 年电耗限额，超限额 19.29%。

1. 按照建筑使用功能

通过建筑使用功能对平台数据进行分类（附表 6-3），列表中有限额个数、建筑栋数、组面积三类参数，单位分别为个、栋、m²。三张饼图按占比大小顺序排列，能清楚反映各类使用功能建筑在总数据中的占比。

按照建筑使用功能 - 平台数据概况 附表 6-3

建筑使用功能	限额个数（个）	建筑栋数（栋）	组面积（m²）
未填写功能	1266	1787	22932086
A 办公建筑	2166	3059	45730004
B 商场建筑	398	506	10548954
C 宾馆饭店	647	855	11438200
D 文化建筑	89	96	891141.8
E 医疗卫生	211	346	3189769
F 体育建筑	39	75	961040.9
G 教育建筑	927	1744	12271658
H 科研建筑	89	174	1888534
I 综合	472	627	13949993
X 其他建筑	255	367	3648410
总计	6559	9636	127449790.4

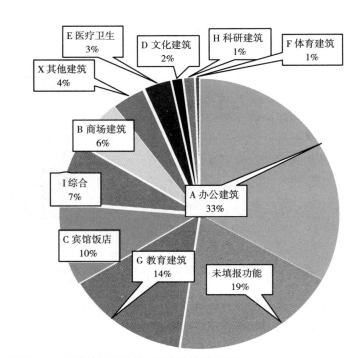

附图 6-3　按建筑使用功能 - 限额个数占比图

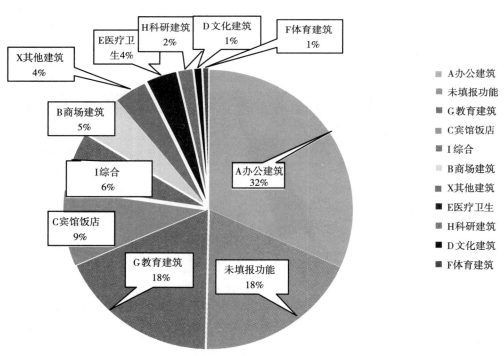

附图 6-4　按建筑使用功能 - 建筑栋数占比图

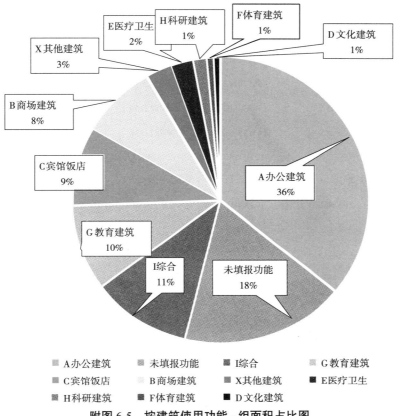

附图 6-5　按建筑使用功能 - 组面积占比图

由附图 6-3 ~ 附图 6-5 中可以看出,未填报功能的建筑限额个数占比 19%(第 2 位)、建筑栋数占比 18% (第 2 位)、组面积占比 18% (第 2 位)。采集过程中建筑未填报使用功能的原因较多,后续补填建筑使用功能较困难,因此把此类单独列出,以免影响现有使用功能分类数据。

在剔除"未填报功能"此类的前提下,目前限额个数占比较高的前五名为:A 办公建筑 (33%)、G 教育建筑 (14%)、C 宾馆饭店 (10%)、I 综合 (7%)、B 商场建筑 (6%)。

在剔除"未填报功能"此类的前提下,目前建筑栋数占比较高的前五名为:A 办公建筑 (32%)、G 教育建筑 (18%)、C 宾馆饭店 (9%)、I 综合 (6%)、B 商场建筑 (5%)。

在剔除"未填报功能"此类的前提下,目前组面积占比较高的前五名为:A 办公建筑 (36%)、I 综合 (11%)、G 教育建筑 (10%)、C 宾馆饭店 (9%)、B 商场建筑 (8%)。

通过限额个数、建筑栋数、组面积三种参数的饼图能看出,北京市公共建筑主要使用功能目前有办公建筑、教育建筑、宾馆饭店、商场建筑、综合五大类。在制定相关政策、标准时,可以优先从这五类使用功能的建筑入手。

按建筑使用功能分类,绘制五年电量变化趋势图,各使用单位 2011 ~ 2015 年五年电量如附表 6-4 所示。

按照建筑使用功能 - 平台数据五年电量（单位：kW·h）　　　　附表 6-4

建筑使用功能	2011年电量	2012年电量	2013年电量	2014年电量	2015年电量
未填报功能	3759223420	3842970131	3933875951	3900287923	3915054042
A 办公建筑	5438445236	5661201681	5857342933	5667982208	5567101104
B 商场建筑	1520452703	1588346634	1652845359	1634980089	1590778684
C 宾馆饭店	1388644866	1431829901	1468872136	1405275097	1391587390
D 文化建筑	119159533	121130941	129024028	130369368	132985456
E 医疗卫生	495448892	549286703	612123567	621637570	612232156
F 体育建筑	103343903	103900555	111770686	107137752	106193434
G 教育建筑	874844651	937598088	998395707	1003040193	1027166787
H 科研建筑	449931538	451400629	480722363	489246555	498534483
I 综合	1534470086	1604163348	1686030327	1665355818	1700314914
X 其他建筑	599402866	612616549	639196696	594479186	549462846
总计	16283367694	16904445160	17570199753	17219791759	17091411296

　　平台数据五年变化总趋势为 2011 ～ 2013 年上升，2014 年、2015 年连续下降，计算各使用功能五年电量变化趋势与平台数据变化趋势相比较，可以归类如下：先升后降再降（2011 ～ 2013 年上升，2014 年、2015 年连续下降，与平台数据变化趋势相同）、五年电量连升、先升后降再升（2011 ～ 2013 年电量上升，2014 年下降，2015 年上升）、先升后降（2011 ～ 2014 年电量上升，2015 年下降）四类。

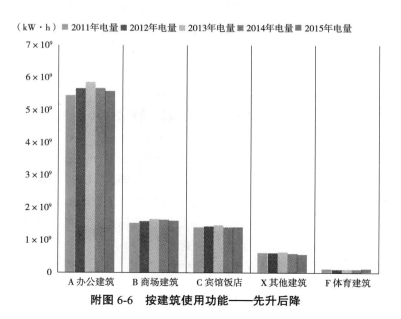

附图 6-6　按建筑使用功能——先升后降

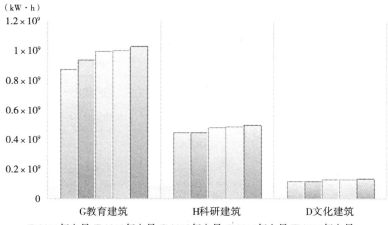

附图 6-7　按建筑使用功能——五年连升

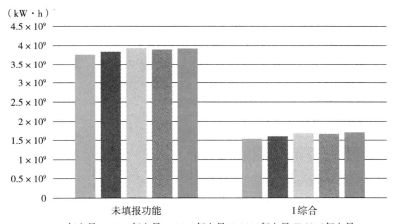

附图 6-8　按建筑使用功能——先升后降再升

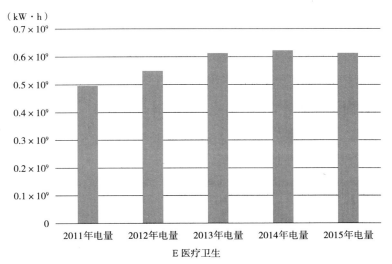

附图 6-9　按建筑使用功能——先升后降

按照建筑使用功能 - 平台数据 -2014 年、2015 年电量与限额（单位：kW·h） 　　附表 6-5

建筑使用功能	2014年电量	2014年电耗限额	2015年电量	2015年电耗限额
未填报功能	3900287923	3399083554	3915054042	3232829514
A 办公建筑	5667982208	5039492886	5567101104	4786334936
B 商场建筑	1634980089	1452049508	1590778684	1382402264
C 宾馆饭店	1405275097	1297649085	1391587390	1235617171
D 文化建筑	130369368	107729395.1	132985456	102901781.2
E 医疗卫生	621637570	471489588	612232156	442995045
F 体育建筑	107137752	95027259.5	106193434	90289788
G 教育建筑	1003040193	841070166.6	1027166787	792167522.3
H 科研建筑	489246555	411392834.8	498534483	389587331.6
I 综合	1665355818	1432512138	1700314914	1355322622
X 其他建筑	594479186	545216267.5	549462846	516919586.9
总计	17219791759	15092712682	17091411296	14327367562

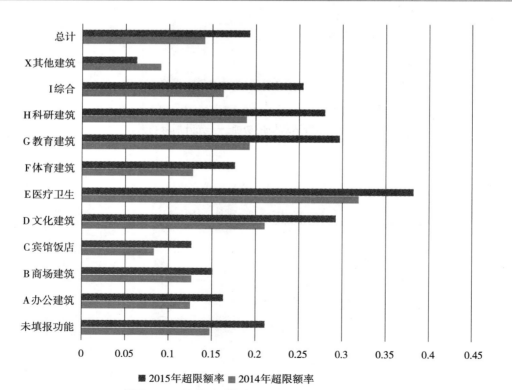

附图 6-10　按使用功能 2014 年、2015 年超限额率

通过上面两年的电量和限额值比较能看出,各类使用功能的超限额率均在0的右侧,各类使用功能的总电量均超过限额值,其中超出限额最大的是E医疗卫生建筑。2015年医疗卫生建筑的超限额率达到38.20%。

2. 按建筑行政区划

通过建筑使用功能对平台数据进行分类,列表中有限额个数、建筑栋数、组面积三类参数,单位分别为个、栋、m²。三张饼图按照占比大小顺序排列,能清楚反映各类使用功能建筑在总数据中的占比。

按照行政区划 - 平台数据概况　　　　　　　　　　　　　　　　　附表 6-6

行政区划	限额个数（个）	建筑栋数（栋）	组面积（m²）
东城区	699	908	14819834.63
西城区	764	1014	17539729.4
朝阳区	1457	2031	33462543.21
海淀区	776	1625	24151709.49
丰台区	648	809	9236747
石景山区	134	222	2290841.72
门头沟区	68	79	524726.18
房山区	198	292	2237603.29
通州区	281	368	2792768.77
顺义区	298	454	4513709.1
大兴区	337	495	3498599.6
昌平区	365	587	5657950.16
平谷区	91	108	727757.45
怀柔区	101	125	999421.22
密云区	128	165	1104735.37
延庆区	90	134	933435.98
北京经济技术开发区	124	220	2957677.85
总计	6559	9636	127449790.4

从附图 6-11 中可以看出朝阳区、海淀区、西城区、东城区、丰台区是建筑面积占比最大的前五个区。五区合计限额个数占比达到 66.23%,建筑栋数占比达到 66.28%,组面积占比达到 77.84%。

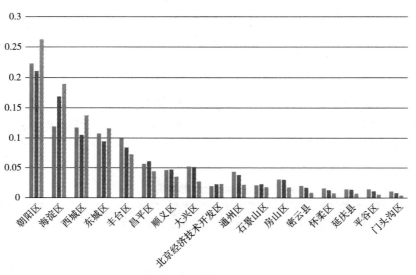

附图 6-11　按建筑行政区划占比图

■限额个数占比　■建筑栋数占比　■组面积占比

按照行政区划 - 平台数据 - 五年电量（单位：kW·h）　　　　附表 6-7

行政区划	2011年电量	2012年电量	2013年电量	2014年电量	2015年电量
东城区	1613093285	1678814025	1773679814	1721466873	1689455687
西城区	1908907404	1987579539	2029795223	1956917385	1918177644
朝阳区	4284433144	4396174759	4555695837	4485503327	4441709281
海淀区	2649749699	2728881497	2824464217	2756998020	2736092419
丰台区	1059301962	1154850794	1223996643	1175826164	1167988292
石景山区	609516539	616758640	586275630	592171137	596694396
门头沟区	41970058	53228328	57460738	52871574	51443979
房山区	365233513	375787448	409430368	397993538	357218065
通州区	637905143	657544949	687944204	691913357	636085904
顺义区	515707047	547612952	567326099	564722665	567089795
大兴区	332232380	383545828	415573674	431972598	457348260
昌平区	943835429	945351747	978553168	961099409	940200945
平谷区	180179678	164893424	161302861	116326940	118308260
怀柔区	186307895	171637795	181850686	169744681	145557981
密云区	71682804	72597686	75410843	75315254	74164544
延庆区	64031689	66664183	69239095	66019919	63643173
北京经济技术开发区	819280025	902521566	972200653	1002928918	1130232671
总计	16283367694	16904445160	17570199753	17219791759	17091411296

　　总电量变化趋势表现为 2011 年、2012 年、2013 年连升；2014 年、2015 年连降，与此趋势相同的有：东城区、西城区、朝阳区、海淀区、丰台区、门头沟区、房山区、昌平区、密云区、延庆区（附图 6-12）。

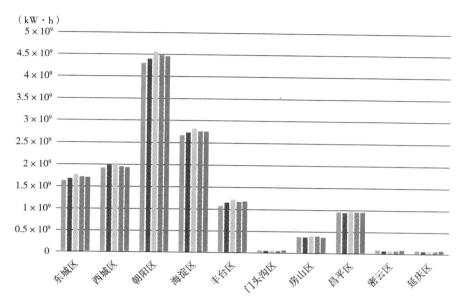

附图 6-12　按行政区划五年电量与总电量变化趋势相同

　　与总趋势不同的有石景山区、顺义区先升后降再升，通州区四年连升后降，大兴区、亦庄开发区五年连升，平谷区五年连降，怀柔区先降后升再降（附图 6-13）。

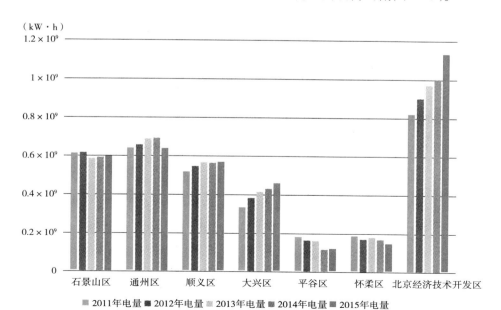

附图 6-13　按行政区划五年电量与总电量变化趋势不同

按照行政区划 - 平台数据 -2014 年、2015 年电量与限额（单位：kW·h）   附表 6-8

行政区划	2014年电量	2015年电量	2014年电耗限额	2015年电耗限额
东城区	1721466873	1689455687	1532137370	1452932901
西城区	1956917385	1918177644	1788794511	1693391680
朝阳区	4485503327	4441709281	3994738011	3803407356
海淀区	2756998020	2736092419	2474692463	2341915800
丰台区	1175826164	1167988292	999537317.1	946509839.2
石景山区	592171137	596694396	495278112.8	467935493.6
门头沟区	52871574	51443979	44840545.48	42121295.96
房山区	397993538	357218065	350956326.1	331982754.2
通州区	691913357	636085904	579312222.9	550635085.9
顺义区	564722665	567089795	458378383.2	437756687.4
大兴区	431972598	457348260	326005997.2	308619197.5
昌平区	961099409	940200945	851115269.1	815150596.2
平谷区	116326940	118308260	140052459.6	134673723.1
怀柔区	169744681	145557981	168784545	163606220.1
密云区	75315254	74164544	65008043.14	61699775.28
延庆区	66019919	63643173	59220176.84	56056252.68
北京经济技术开发区	1002928918	1130232671	763860928.5	718972903.9
总计	17219791759	17091411296	15092712682	14327367562

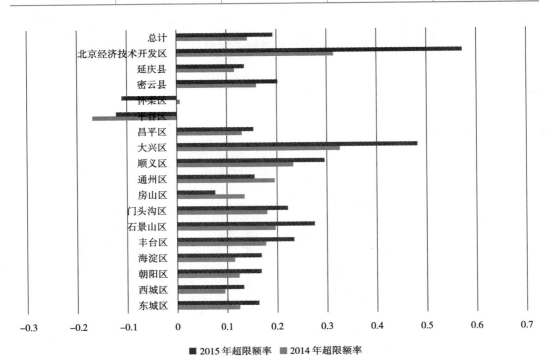

附图 6-14　按行政区划 2014 年、2015 年超限额率

通过 2014 年超限额率和 2015 年超限额率两个参数可以看出，总体情况为 2014 年、2015 年均超限额，大部分区也是这种情况。怀柔区 2014 年超限额率为正数，2015 年超限额率为负数，平谷区 2014 年、2015 年超限额率均小于 0。

3. 按照建筑规模

按建筑组面积是否大于 20000m² 建筑划分为大型公建、普通公建。具体数据见附表 6-9。

按照建筑规模 - 平台数据概况

附表 6-9

建筑规模	限额个数（个）	建筑栋数（栋）	组面积（m²）
大型公建	1595	3897	90757204.5
普通公建	4964	5739	36692585.92
总计	6559	9636	127449790.4

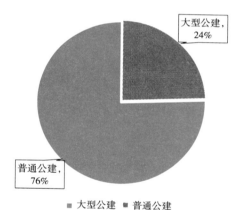

附图 6-15　按建筑规模限额个数占比

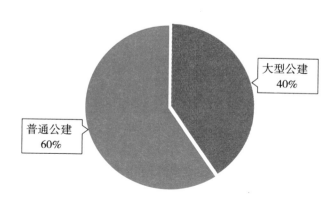

附图 6-16　按建筑规模建筑栋数占比

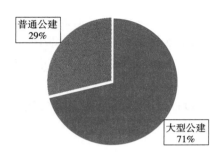

附图 6-17　按建筑规模组面积占比

　　由此可以看出限额个数占比 24% 的大型公建对应的建筑栋数占比 40%、组面积占比 70%。大型公建应该作为工作重点。

按照建筑规模 - 平台数据 - 五年电量（单位：kW·h）　　　　　附表 6-10

建筑规模	2011年电量	2012年电量	2013年电量	2014年电量	2015年电量
大型公建	10317056999	10698149034	11068957028	10930035051	10891714254
普通公建	5966216780	6206296126	6501242725	6289756708	6199697042
总计	16283273779	16904445160	17570199753	17219791759	17091411296

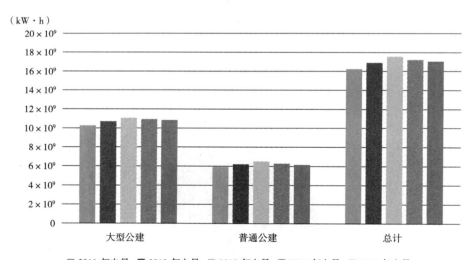

附图 6-18　按照建筑规模五年电量变化趋势图

　　大型公建、普通公建五年电量变化趋势均与总电量变化趋势相同，大型公建五年电量占比分别为：2011 年 63.36%、2012 年 63.29%、2013 年 63.00%、2014 年 63.47%、2015 年 63.73%。

按照建筑规模 - 平台数据 -2014 年、2015 年电量与限额（单位：kW·h）　　附表 6-11

建筑规模	2014年电量	2015年电量	2014年电耗限额	2015年电耗限额
大型公建	10930035051	10891714254	9635818921	9145856709
普通公建	6289756708	6199697042	5456893762	5181510853
总计	17219791759	17091411296	15092712682	14327367562

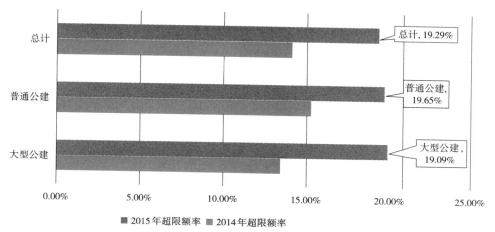

附图 6-19　按建筑规模 2014 年、2015 年超限额率

由以上数据可以看出大型公建、普通公建、总体数据均超限额，2015 年超限额率均接近 20%。

4. 按建造年代

《公共建筑节能设计标准》GB50189—2005 于 2005 年起实施，假设 2005 年按照节能标准设计审图的建筑从 2006 年竣工计算，则 2006 年及 2006 年之后竣工的建筑在分析时可视为节能建筑，2005 年及 2005 年之前竣工的建筑可视为非节能建筑。此外通过房屋全生命周期平台中导出的部分建筑竣工年代不确定，以 200X 表示，此部分建筑不能确定属于节能建筑或非节能建筑，故归为无法判断。具体数据见附表 6-12。

按建造年代分类节能、非节能建筑 - 平台数据概况　　附表 6-12

建造年代	限额个数（个）	建筑栋数（栋）	组面积（m²）
2005 年前（含）非节能建筑	4961	7389	81093086.96
2006 年后（含）节能建筑	1358	1949	43467797.42
无法判断节能	240	298	2888906.04
总计	6559	9636	127449790.4

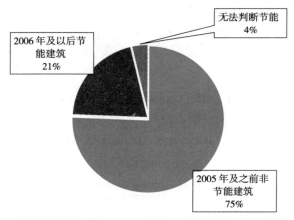

附图 6-20 按建造年代限额个数占比

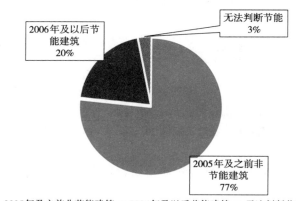

附图 6-21 按建造年代建筑栋数占比

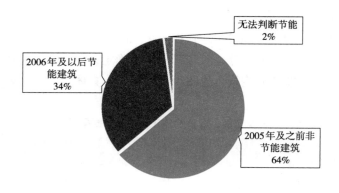

附图 6-22 按建造年代组面积占比

从图中可以看出，既有公共建筑中，2006 年及以后竣工的建筑是主要组成部分，限额个数占比 75%、建筑栋数占比 77%、组面积占比 64%。

按建造年代分类节能、非节能建筑 - 平台数据 - 五年电量（单位：kW·h）　　附表 6-13

建造年代	2011年电量	2012年电量	2013年电量	2014年电量	2015年电量
2005 年前（含）非节能建筑	11294765840	11500170455	11746450850	11379073961	11219893163
2006 年后（含）节能建筑	4528109770	4936115499	5330413004	5353712048	5391843318
无法判断节能	460398169	468159206	493335899	487005750	479674815
总计	16283273779	16904445160	17570199753	17219791759	17091411296

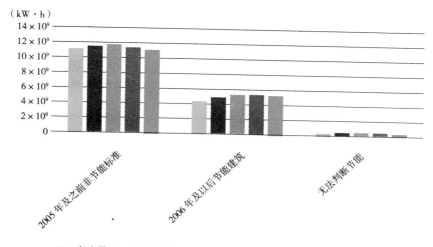

附图 6-23　按建筑规模五年电量变化趋势图

根据上文能看出 2006 年及以后的节能建筑在 2011 ～ 2015 年五年间电量是连续上升的，而非节能建筑符合总数据先升再降趋势。

按建造年代分类节能、非节能建筑 - 平台数据 -2014 年、

2015 年电量与限额（单位：kW·h）　　附表 6-14

建造年代	2014年电量	2015年电量	2014年电耗限额	2015年电耗限额
2005 年前（含）非节能建筑	11379073961	11219893163	10253418995	9740477627
2006 年后（含）节能建筑	5353712048	5391843318	4406089616	4177140082
无法判断节能	487005750	479674815	433204071.5	409749854
总计	17219791759	17091411296	15092712682	14327367562

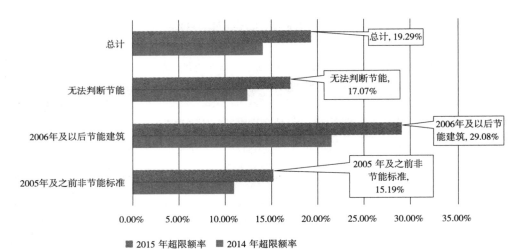

附图 6-24　按建造年代 2014 年、2015 年超限额率

从附图 6-24 中可以看出，2006 年后（含）节能建筑两年超限额率都高，2015 年超限额率达到 29.08%，接近 30%，远远超过了 20%。因此工作重点应放在节能建筑上。

附录7　地方标准在限额管理中的应用研究

"十二五"期间，北京市公共建筑节能运行管理机制实现创新，2013～2014年相继出台了《北京市公共建筑能耗限额和级差价格工作方案（试行）》《北京市公共建筑电耗限额管理暂行办法》等文件，将全市范围内单体建筑面积3000m² 以上且公共建筑面积占比超过50%的建筑纳入能耗限额管理。通过对1.3万余栋公共建筑电耗限额进行考核，有力促进了公共建筑的节能改造和行为节能。与此同时，北京市节能精细化管理水平得到持续提升，先后出台近百项节能低碳标准，其中商场超市、高等学校、文化场馆、体育场馆等四个领域的能源消耗限额推荐性地方标准于2015年相继发布。上述标准分类给出了各领域能源消耗的量化管理指标，为节能工作提供了科学依据和基准。

对于纳入电耗限额管理的公共建筑，北京市公共建筑电耗限额管理提出了强制性的电耗限额指标，除此以外，上述推荐性地方标准对公共建筑也提出了能耗指标要求。这两类指标具有不同的指标计算方法，因此对这两类指标进行对比，分析其指标要求的差异性，对于进一步完善现行标准政策，加强政策与标准措施间的衔接，加强政府部门对于公共建筑能耗管理，具有积极的意义。

本研究以商场超市、高等学校、文化场馆、体育场馆等四部能耗限额地方标准的发布实施为契机，以上述行业纳入北京市公共建筑电耗限额管理的公共建筑为研究对象，选择典型公共建筑开展电耗限额管理与上述能耗限额标准指标要求的比较研究，并在总结上述四部能耗限额标准特点的基础上，为进一步规范今后其他行业能耗限额标准编制过程，建筑编写《〈公共建筑能耗限额标准〉编制通则》。

一、北京市能耗限额地方标准介绍

为了完善北京市节能标准体系，发挥节能标准的引领作用，落实《首都标准化战略纲要》和《北京市"十二五"时期标准化发展规划》中的具体措施，北京市发展和改革委员会、北京市质量技术监督局、北京市财政局制定了关于《北京市百项节能标准建设实施方案（2012～2014年）》（以下简称《实施方案》）。四部能耗限额标准被列入此实施方案，并于2015年完成编制正式发布。

北京市地方能耗限额标准　　　　　　　　　　　　　　　　　　　附表 7-1

标准名称（标准号）	归口单位	适用范围
《商场、超市能源消耗限额》 DB11/T 1159—2015	北京市商务委员会	适用于营业面积10000m² 以上的商场、2000m² 以上的超市和专业店在运行营业过程中能耗的计算、管理，其他商场、超市用能可参照执行
《高等学校能源消耗限额》 DB11/T 1267—2015	北京市教育委员会	适用于高等学校电力、供暖用热、天然气的用能管理

标准名称（标准号）	归口单位	适用范围
《文化场馆能源消耗限额》 DB11/T 1268—2015	北京市文化局	适用于剧场、音乐厅、图书馆、文化馆、美术馆等文化场馆能耗的管理
《体育场馆能源消耗限额》 DB11/T 1296—2015	北京市体育局	适用于足球比赛场、足球训练场、网球场、篮球场、曲棍球场、游泳馆、专项体育馆及综合体育馆能耗的计算、考核和节能管理

通过对上述四部能耗限额标准发布成果及编制过程的对比分析，发现上述标准具有一定的共同之处，具体表现为：（1）能耗限额标准的编制基于一定的基础调研数据，所制定的能耗限额指标仅适用于某个具体类别的建筑；（2）能耗指标方面均规定了三个指标即限定值、准入值、先进值，其中限定值和准入值为强制性要求，先进值为推荐性要求；（3）在能耗限额指标计算方法上，均采用了基于统计学的能耗限额指标计算方法，包括平均值法、回归分析法、定额水平法等。

二、能耗限额标准与电耗限额管理对标

（一）体育场馆能耗限额指标修正

该标准考虑体育场馆的场馆类型、活动类型以及体育热力消耗，并对这三类进行修正，并给出修正后限额值。

1. 场馆类型修正

标准考虑体育场馆的项目不同，分别针对足球比赛场、足球训练场、网球、篮球场、曲棍球场、游泳馆、专项体育馆及综合体育馆这几类场馆类型进行了修正，在制定限额时首先考虑到了场馆的功能类型的不同。

2. 活动类型修正

场馆的主要活动类型包含转播足球比赛、大型文艺演出、训练及健身以及专项体育等等。标准根据不同的场馆类型下不同的活动类型进行修正，得到针对不同类型的限额值。

3. 体育馆热力消耗修正

体育馆热力消耗限额包括供暖系统热力消耗、生活热水洗浴系统热力消耗以及游泳池池水加热系统热力消耗。并分别给出三类热力消耗的限额值。

（二）商场、超市对标

在北京市公共建筑能耗限额管理项目中，选取125家限额对象，这125家限额对象的建筑均为商场超市类建筑，将这125家的单位面积电耗，与地方标准和北京市公共建筑能耗限额管理中的限额值进行对比，分析两个限额标准与实际电耗值的关系。

附图7-1为125家限额对象实际电耗值与北京市标准《商场、超市能源消耗限额》DB11/T 1159—2015中商场超市的限定值、准入值、先进值对比分析。

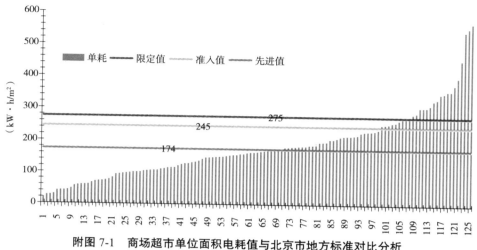

附图 7-1　商场超市单位面积电耗值与北京市地方标准对比分析

附图 7-1 中纵坐标代表 125 家限额对象的单位面积实际电耗值。与先进值 174kW·h/m² 相比，大约有 53.6% 的限额对象的建筑电耗位于先进值以下；与准入值 245kW·h/m² 相比，大约有 78.4% 的限额对象的建筑电耗位于准入值以下，与限定值 275kW·h/m² 相比，大约有 84% 的限额对象的建筑电耗位于限定值以下。

附图 7-2 为 125 家限额对象实际电耗值与北京市公共建筑能耗限额管理中商场超市类建筑的限额值之差。

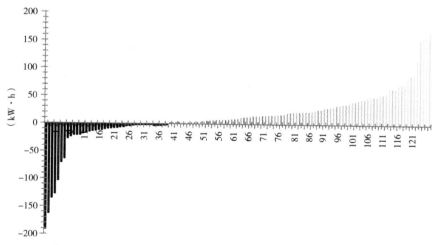

附图 7-2　商场超市实际单位面积电耗值与其限额的差值对比分析

附图 7-2 中纵坐标代表 125 家限额对象的单位面积实际电耗与其电耗限额的差值，其中 0 坐标轴以下代表该限额对象的建筑实际电耗未超过限额；0 坐标以上，代表该限额对象的建筑实际电耗超过给定的限额值，坐标轴的大小代表超出的多少。从附图 7-2 可看出，大约有 31.2% 的限额对象的建筑电耗位于限额内，有 68.8% 的限额对象的建筑电耗超出了限额值，有 30.4% 的限额对象的建筑的电耗与限额值比，超限额值达到 20%。

通过指标实例的分析，我们发现相对于实际的单位面积电耗值，地方标准指标要比北京市公共建筑能耗限额管理的指标宽松。

（三）高等学校对标

附图 7-3 为北京市 28 家理工及综合类学校 2015 年实际人均用电量与北京市《高等学校能源限额》DB11/T1267—2015 标准中的理工及综合类学校限额的对比分析。

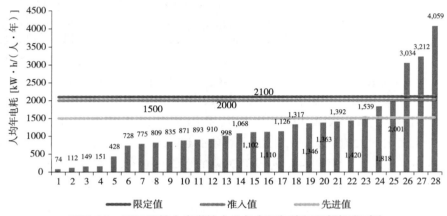

附图 7-3　理工及综合类学校人均年电耗与能耗限额标准对比

附图 7-3 中理工及综合类学校的实际人均年电耗在范围为 100 ~ 4000kW·h/（人·年）之间波动，与限额值 2100kW·h/（人·年）相比，有大约 89.3% 的学校位于限额值以下；与准入值 2000kW·h/（人·年）相比，大约有 85.7% 的学校位于限额值以下；与先进值 1500kW·h/（人·年）相比，大约有 78.6% 的学校位于先进值以下。

附图 7-4 为北京市 26 家文史、财经、师范及政法类学校 2015 年实际人均用电量与北京市《高等学校能源限额》DB11/T1267—2015 标准中的文史、财经、师范及政法类学校限额的对比分析。

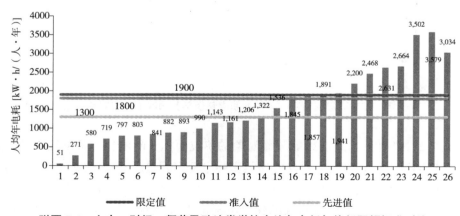

附图 7-4　文史、财经、师范及政法类学校人均年电耗与能耗限额标准对比

　　附图 7-4 中文史、财经、师范及政法类学校的实际人均年电耗在范围为 100 ~ 3500kW·h/（人·年）之间波动，与限额值 1900kW·h/（人·年）相比，有大约 69.2% 的学校位于限额值以下；与准入值 1800kW·h/（人·年）相比，大约有 57.7% 的学校位于限额值以下；与先进值 1300kW·h/（人·年）相比，大约有 50.0% 的学校位于先进值以下。

　　附图 7-5 为北京市 12 家高职及专业类学校 2015 年实际人均用电量与北京市《高等学校能源限额》DB11/T1267—2015 标准中的高职及专业类学校限额的对比分析。

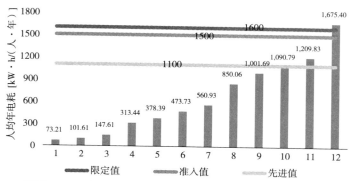

附图 7-5　高职及专业类学校人均电耗与能耗限额标准对比

　　附图 7-5 中高职及专业类学校的实际人均年电耗在范围为 100 ~ 3500kW·h/（人·年）之间波动，与限额值 1900kW·h/（人·年）相比，有大约 91.7% 的学校位于限额值以下；与准入值 1800kW·h/（人·年）相比，大约有 91.7% 的学校位于限额值以下；与先进值 1300kW·h/（人·年）相比，大约有 83.3% 的学校位于先进值以下。

　　（四）文化场馆对标

　　在北京市公共建筑能耗限额系统中选取 33 家文化场馆建筑做样本（其中演出场馆类建筑有 19 家，非演出类场馆建筑有 14 家），与北京市的《文化场馆能源消耗限额》DB11/T1268—2015 标准进行对比。

　　附图 7-6 为 14 家限额对象实际电耗值与北京市标准《文化场馆能源消耗限额》文化场馆中非演出类建筑的限定值、准入值、先进值对比分析。

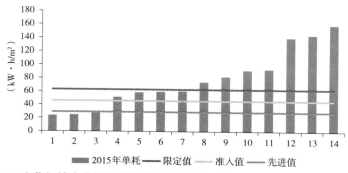

附图 7-6　文化场馆中非演出类建筑实际单位面积电耗值与北京市地方标准对比

附图 7-6 中非演出类建筑的实际单位面积电耗在 15 ～ 180kW· h/m² 波动，与限定值 63kW· h/m² 相比，有大约 50% 的建筑位于限定值以下；与准入值 46kW· h/m² 相比，大约有 21.43% 的建筑位于准入值以下；与先进值 29kW· h/m² 相比，大约有 21.43% 的建筑位于先进值以下。

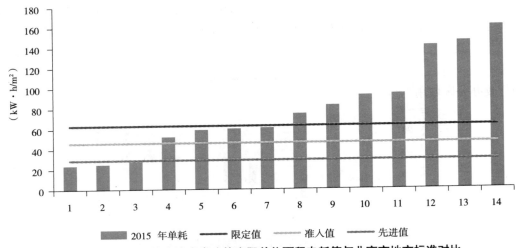

附图 7-7　文化场馆中演出类建筑实际单位面积电耗值与北京市地方标准对比

附图 7-7 中纵坐标代表是 19 家限额对象的单位面积实际电耗值。演出类建筑的实际单位面积电耗在 25 ～ 250kW· h/m² 左右波动，与限定值 73kW· h/m² 相比，有大约 57.89% 的建筑位于限定值以下；与准入值 58kW· h/m² 相比，大约有 36.84% 的建筑位于准入值以下；与先进值 43kW· h/m² 相比，大约有 15.79% 的建筑位于先进值以下。

附图 7-8 为 33 家限额对象实际电耗值与北京市公共建筑能耗限额管理中文化场馆类建筑的限额值之差。

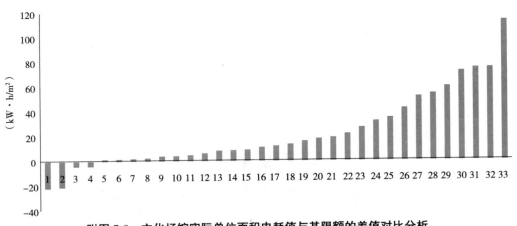

附图 7-8　文化场馆实际单位面积电耗值与其限额的差值对比分析

附图 7-8 中纵坐标代表 33 家限额对象的单位面积实际电耗与其电耗限额的差值，其中 0 坐标轴以下代表该限额对象的建筑实际电耗未超过限额；0 坐标以上，代表该限额对象的建筑实际电耗超过给定的限额值，坐标轴的大小代表超出的多少。从上图可看出，大约有 12.12% 的限额对象的建筑电耗位于限额内，有 87.88% 的限额对象的建筑电耗超出了限额值，有 39.39% 的限额对象的建筑的电耗与限额值比，超限额值达到 20%。

通过指标实例的分析，我们发现相对于实际的电耗值，地方标准指标和北京市公共建筑能耗限额管理的指标制定得比较严谨。北京市公共建筑能耗限额管理中超限额的建筑要比地方标准中超限额的比例大，原因是限额管理讲究适用性，在制定限额时考虑的是全电耗，而地方标准讲究的规范性，在制定限额时，电只包括文化活动区域和行政办公区域用电量，扣除了夜景照明、喷泉景观用电量。

（五）体育场馆对标

我们从北京市公共建筑能耗限额管理项目中选取 38 家体育场馆建筑，北京市的《体育场馆能源消耗限额》DB11/T 1296—2015 标准中进行对比。对比的具体限额值为综合体育馆中的活动类型为训练及健身的限定值、准入值、先进值。

附图 7-9 为北京市 38 家体育场馆建筑 2015 年实际人均用电量与北京市标准中的综合体育馆中活动类型为训练及健身类限额的对比分析。

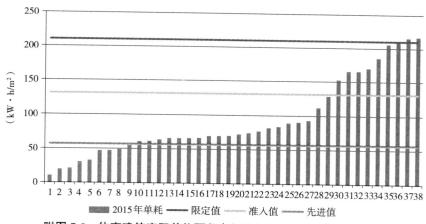

附图 7-9　体育建筑实际单位面积电耗值与其限额的差值对比分析

附图 7-9 中体育场馆的实际人均年电耗在范围为 10 ~ 220kW·h/m² 之间波动，与限定值 210.24kW·h/m² 年相比，有大约 92.11% 的建筑位于限额值以下；与准入值 131.4kW·h/m² 年相比，大约有 76.32% 的建筑位于限额值以下；与先进值 56.94kW·h/m² 年相比，大约有 23.68% 的建筑位于先进值以下。

三、能耗限额标准执行问题分析

（一）用能边界及特殊用电扣除

用能边界的界定直接影响能耗限额制定结果，上述四个地方标准中对用能边界的界定方法不一。具体区分如下：

《商场、超市能源消耗限额》按照营业区和管理权限对用能边界进行了划分，规定当商场、超市及专业店含有在其营业区内经营，但不由商场、超市管理的其他商业机构时，应单独计量其特殊用途消耗量，并在统计时扣除该部分能耗，再与限额比对。此种做法主要是从管理角度出发，剔除了不在管理范围之内的能耗，具有一定的现实合理性。

《高等学校能源消耗限额》规定能耗统计范围不包括家属区、对外出租区能源消耗、基建和技术改造等项目建设能源消耗，及具备独立法人资格的附属中小学、幼儿园等场所能源消耗。高等学校中经教育主管部门认定批准的具有特殊用途的国家级重点实验室、市级重点实验室和承担社会责任所产生的能源消耗可从高等学校总能源消耗中扣除。

《文化场馆能源消耗限额》规定电力能耗量统计范围应包括文化活动区域和行政办公区域用电量；供暖用天然气能耗量或供暖用市政热力能耗量统计范围包括用于文化活动区域和行政办公区域内建筑供暖用天然气或市政热力消耗。

《体育场馆能源消耗限额》规定体育场馆的能源消耗包括因比赛、训练、日常管理及健身娱乐等活动所消耗的电力和热力，不包括基建和技术改造等项目建设消耗的能源量。体育馆的能源消耗以单个体育馆建筑为统计单位，对于采用非市政供热能源的体育馆，应统一折算成等效热力消耗。

（二）能耗限额指标形式

《商场、超市能源消耗限额》给出了电耗限额和综合能耗限额两个指标，其单位分别为千瓦时每平方米 $(kW\cdot h/m^2)$ 和千克标准煤每平方米 $(kgce/m^2)$。

《高等学校能源消耗限额》给出了四类指标，分别为：（1）电耗限额 $[kW\cdot h/（人\cdot a）]$；（2）供暖用天然气限额 $[m^3/（m^2\cdot a）]$；（3）供暖用市政热力限额 $[GJ/（m^2\cdot a）]$；（4）非供暖用天然气限额 $[m^3/（人\cdot a）]$。

《文化场馆能源消耗限额》给出了三类指标，分别为：（1）电耗限额 $[kW\cdot h/（m^2\cdot a）]$；（2）供暖用天然气限额 $[m^3/（m^2\cdot a）]$；（3）供暖用市政热力限额 $[GJ/（m^2\cdot a）]$。

《体育场馆能源消耗限额》规定有体育场能耗限额指标和体育馆能耗限额指标。体育场能耗限额指标仅包括电力限额，电耗限额指标的单位分别为 $kW\cdot h/$ 场次（对于比赛及大型文艺演出）和 $kW\cdot h/（m^2\cdot h）$（对于训练及健身）两类；体育馆能耗限额指标包括电力和热力两类指标，电力限额指标的单位为 $kW\cdot h/（m^2\cdot h）$，热力限额指标细分为三类，其中供暖系统热力消耗限额的单位为 $MJ/（m^2\cdot h）$，生活热水洗浴系统热力消耗限额的单位为 $MJ/$ 人次，标准游泳池池水加热系统热力消耗限额的单位为 MJ/d。

（三）能耗限额指标修正

1.商场、超市能耗限额指标修正

该标准考虑三类修正，分别为经营内容修正、制冷方式修正、采暖方式修正。

（1）经营内容修正

商场、超市经营内容不同，其用能特征也不同，如经营生鲜冷链的商超需额外考虑其冷柜能耗，经营电气产品的商超需额外考虑产品展示耗电，经营黄金珠宝对局部照度要求高等。该标准对于生鲜冷链、电气产品、黄金珠宝三种基本的经营内容及其不同的组合给出了修正系数。

（2）制冷方式修正

制冷方式按照由外单位或物业供冷（制冷能耗不在统计范围内）、采用电制冷、采用直燃机（或吸收式）制冷等 3 种方式，给出了不同的修正系数。

（3）采暖方式修正

采暖方式按照由市政热力或物业供暖（采暖能耗不在统计范围内）、采用天然气（煤）自供暖等两种方式，给出了不同的修正系数。

2. 高等学校能耗限额指标修正

该标准考虑两类修正，并根据修正分别给出供暖用市政热力限额、非供暖用天然气限额。

（1）供暖用市政热力修正

供暖用天然气或供暖用市政热力统计范围包括用于教育或者辅助教育为目的的教室、宿舍和食堂等建筑供暖用天然气或市政热力消耗。标准给出了供暖用市政热力限额。

（2）非供暖用天然气修正

非供暖用天然气统计范围包括为教职工、学生提供餐饮、生活热水、饮用热水等服务的非供暖用途天然气。标准给出了非供暖用天然气限额。

3. 文化场馆能耗限额指标修正

该标准考虑供暖类修正，并根据修正分别给出供暖用市政热力限额、非供暖用天然气限额。

（1）供暖用热力修正

供暖用市政热力能耗量统计范围包括用于文化活动区域和行政办公区域内建筑供暖用市政热力消耗。标准给出了供暖用市政热力限额。

（2）供暖用天然气修正

供暖用天然气能耗量统计范围包括用于文化活动区域和行政办公区域内建筑供暖用天然气。标准给出了供暖用天然气限额。

四、能耗限额标准在电耗限额管理中的应用前景

通过对能耗限额标准的比对分析以及与电耗限额管理公共建筑的电耗对标，得出下列结论：

（1）北京市能耗限额地方标准所覆盖的公共建筑类型，目前还较为有限，且以公共机构为主，尚不能满足北京市对公共建筑全面实施电耗限额管理的需要。

（2）《商场、超市能源消耗限额》标准由于其对于用能边界的规定是以营业区为界，对于我市商超行业主管部门按照标准实施对商超的节能管理起到一定的作用，但由于目前我市商场、超市很少以单体建筑的形式存在，上述规定造成营业区边界与单体建筑边界不吻合，在电耗限额管理中应用这一标准时需进行调整。

（3）在指标形式上，《高等学校能源消耗限额》中规定电耗限额指标采用千瓦时每人年〔kW·h/（人·a）〕的单位，采用这一指标考虑到目前高等学校教学科研等业务量的增长率通常大于建筑面积的增长率，因此用传统的单位建筑面积能耗难以区分学校发展、教学科研需求及业务量增长而引起能耗增加的合理因素与不合理高能耗的差别，具有一定的科学性。

（4）在应用能耗限额地方标准时，指标的合理选用和修正要求标准使用者充分掌握建筑的经营业态、系统形式、运行时间等方面的信息，这些信息的精细化程度超出了北京市公共建筑电耗限额管理所能掌握的范围，暂不具备大规模推广应用的条件。但可在实行大型公建能源利用状况报告的基础上，进一步完善报告内容，同时采用大数据等手段，完成政府部门内部建筑能耗各相关系统的整合和系统集成，逐步完成对上述信息的采集。

（5）能耗限额标准中对能耗影响因素的分析和能耗修正系数等的研究结果，可以帮助从事北京市公共建筑电耗限额管理的技术人员更加清晰的分析具体某栋公共建筑电耗超限额的原因，并且在电耗限额考核超限额单位申请复核时，可根据其提交的详尽证明材料并结合现场调研等，参照能耗限额标准对其用能的合理性进行评估，并给出限额调整与否的意见。建议及时组织开展公共建筑电耗限额管理相关配套技术指南的编制工作，为限额调整、考核结果确认等提供支撑。

（6）通过对已发布的北京市公共建筑能耗限额标准的分析，发现上述标准在建筑类型的划分、用能边界的确定、特殊用能的扣除、能耗数据的采集、数据分析处理方法、限额指标定额水平的确定、能耗指标修正因子的选取和确定等诸多方面尚未形成统一和一致的做法，建议及时总结经验，编制《〈公共建筑能耗限额标准〉编制通则》，指导后续类型的公共建筑能耗限额标准的编制工作。

附录8 2015年新闻座谈会

《人民日报》相关新闻报道
（2015年11月02日，16版）

北京1.3万栋公共建筑实施电耗限额管理

针对高能耗的公共建筑，北京市以政府立法形式推行电耗限额管理。目前，北京已对13237栋公共建筑完成能耗基础信息采集并下达指标。

北京市2014年发布《北京市公共建筑电耗限额管理暂行办法》，明确将全市范围内单体建筑面积在3000平方米以上且公共建筑面积占比超过50%的建筑纳入能耗限额管理，范围覆盖全市公共建筑总面积70%以上。截至目前，全市纳入能耗限额管理建筑的基础信息采集工作完成了97%以上，并对13237栋公共建筑实施了电耗限额考核。

今年，北京市住建委对全市2014年电耗限额执行情况进行了考核。对于考核超限额的公共建筑，将依据《北京市民用建筑节能管理办法》要求其报送《年度建筑能源利用状况报告》，并对超限额原因做出解释。对于实际用电量超出限额20%以上的公共建筑，要求所有权人实施能源审计，并将审计结果报送市、区（县）住房和城乡建设行政主管部门，根据审计结果加强节能管理和实施节能改造。对于连续两年实际用电量超出限额20%以上的公共建筑将责令其改正，并处以3万元以上10万元以下罚款。

（记者 余荣华）

《北京日报》相关新闻报道
（2015年10月31日，6版）

本市公共建筑电耗信息首次摸清家底
一万三千栋公建用电有了"紧箍咒"

京城共有多少高能耗公共建筑？本市通过一项7000余人参与的调查，历时一年，摸清了公共建筑电耗信息的"家底"，已对13237栋公共建筑完成能耗基础信息采集并下达限额指标。

基础数据采集完成97%以上

根据本市2014年发布的《北京市公共建筑电耗限额管理暂行办法》，全市范围内单体建筑面积在3000平方米以上且公共建筑面积占比超过50%的建筑纳入能耗限额管理，范围覆盖率达全市公共建筑总面积 70% 以上。

"这些公建主要分布在城六区，其中朝阳区、海淀区的电量占比均超过了 20%。"作为技术支持单位的北京建筑技术发展有限责任公司相关负责人介绍说，按照使用功能划分的话，电量占比排在前五位的依次是办公建筑、综合建筑、宾馆饭店、商场建筑和教育建筑。

这些信息的得来历时一年。全市 16 个区县以及亦庄开发区建委（建设局）、300 余个街道办事处（乡镇政府）及其下辖社区 7000 余名工作人员投入到公共建筑电耗基础信息采集工作中。截至目前，全市纳入能耗限额管理建筑的基础信息采集工作完成了97% 以上，掌握了各建筑自 2011 年至今的全部逐月用电量结算数据，并在此基础上对13237 栋公共建筑实施了电耗限额考核。

大数据监测、科学动态监管理念也融入了城市节能管理。目前，已经实现了市住建委"房屋全生命周期管理平台"房屋基础数据与市电力公司"电力结算数据"的集成，将为实施电耗限额科学管理提供强大的数据支撑。

灯具改造省下 12% 用电量

市住建委昨日通报了对全市 2014 年电耗限额执行情况的考核结果。北京网信物业管理有限公司、北京建工物业管理有限公司等单位运行管理的 116 幢建筑被评为"年度电耗限额管理考核优秀建筑"，涵盖了公共机构办公建筑、商业写字楼、学校等多种类型，采取的节能措施包括调整空调运行温度、控制空调运行时间、更换 LED 灯具、根据气候变化情况对空调机组和冷却塔运行进行控制等。

位于北京西站附近的建工大厦去年下半年进行了灯具改造。"原来共有 9973 套 T8、T5 日光灯和节能灯，全部更换成了 LED 绿色照明灯具。"项目负责人介绍说，改造后总功率降低了 55.15%，与改造前 4、5、6 三月的电量统计对比分析发现，仅此一项年节约电量 43.13 万度，约占全年大厦总用电量的 12%。

对电耗限额管理工作配合不够、未能完成信息采集和限额指标下发的单位，将被指定严格的"强制性"限额指标。市住建委相关负责人表示，这些建筑的电耗限额指标，将参照同类建筑的单位建筑面积电耗较低的前 10% 平均水平确定并考核。

连续两年超限 20% 将重罚

对于考核超限额的公共建筑，市住建委将依据《北京市民用建筑节能管理办法》要求其报送《2014 年度建筑能源利用状况报告》，并对超限额原因做出解释。对于实际用电量超出限额 20% 以上的公共建筑，还要求所有权人实施能源审计，并将审计结果报送市、区住房和城乡建设行政主管部门，根据审计结果加强节能管理和实施节能改造。对于连续两年实际用电量超出限额 20% 以上的公共建筑将责令其改正，并处以 3 万元以上 10 万元以下罚款。

市住建委相关负责人表示，本市将在既有公共建筑用电量大数据分析的基础上，建立配套的节能服务体系，如建立针对超限额公共建筑的帮扶机制、建设节能改造方式精准推介平台等，从而进一步完善本市公共建筑电耗限额管理体系。据了解，目前，本市正在探索推进公共建筑级差电价制度，并逐步实现从限额管理到定额管理的转变。此外，拟将水、燃气等其他能耗指标纳入限额管理工作中，实现对公共建筑能耗的全面管控。

（京报集团记者　肖丹）

《中国建设报》相关新闻报道
（2015 年 11 月 9 日，6 版）

北京打响能耗限额管理"攻坚战"

随着城市建设规模的不断扩大和产业结构调整的逐步深入，建筑领域的高耗能问题日益突出。特别是高能耗的大量既有公共建筑，因缺乏有效的节能管理措施，一直以来都是建筑节能的"老大难"。

北京市经过大量的调研、学习，明确将电耗限额管理作为推动公共建筑节能的切入点和抓手，已经完成了 13237 栋公共建筑电耗基础信息采集，并建立了公共建筑电耗限额管理基础信息库，这在全国范围内尚属首次。在今年第一次年度考核中，北京市还对用电量降低率名列前茅的 116 幢建筑进行了通报表扬。

立法为据数据为基

2014 年，北京市修订了《北京市民用建筑节能管理办法》、发布了《北京市公共建筑电耗限额管理暂行办法》，明确将全市范围内单体建筑面积在 3000 平方米以上且公共建筑面积占比超过 50% 的建筑纳入能耗限额管理，范围覆盖率达全市公共建筑总面积 70% 以上。这为北京市开展能耗限额管理工作提供了有力依据。同时，北京市确定了依托公共建筑电耗基础信息、建立电耗限额管理信息系统的目标，将大数据监测、科学动态监管理念融入城市节能管理。

北京市住房城乡建设委员会建材处处长林波荣说："公共建筑能耗限额管理的第一步是大力推进公共建筑能耗基础信息的采集工作。"

建立全市公共建筑电耗信息数据库是一项庞大繁复的工作。北京市全市 16 个区县以及亦庄开发区的建设主管部门、300 余个街道办事处（乡镇政府）及其下辖社区的7000 余名工作人员投入到了公共建筑电耗基础信息采集工作中。

"截至目前，在各建筑产权单位及运营管理单位通力配合下，全市纳入能耗限额管理建筑的基础信息采集工作完成了 97% 以上，掌握了各建筑自 2011 年至今的全部逐月用电量结算数据。"林波荣说。

数据分析为决策提供支撑

从 2013 年 5 月开始，经过两年的努力，北京市公共建筑电耗大数据平台终于建立，这在全国尚属首例。

技术支撑单位北京建筑技术发展有限责任公司的工作人员顾中煊介绍："公共建筑电耗限额管理基础信息库以北京市住房城乡建设委员会的房屋全生命周期管理平台数据库为基础，通过全市大规模开展的信息采集，在原有信息上增加了使用功能、建筑所有权人、运行管理单位、电力用户编号等信息，并通过与市电力公司的协作，取得了所采集电力用户编号的逐月用电量数据，全部数据目前已经纳入公共建筑能耗限额管理信息平台。"

通过对电耗数据的分析，北京市掌握了 3000 平方米以上公共建筑用电量在各区县的分布情况。城六区纳入公共建筑电耗限额管理建筑的用电量占全市公共建筑电耗限额管理建筑的 75% 以上，朝阳、海淀两个区用电量占比均超过 20%。大型公建的数量占 9.93%、面积占 40.98%，用电量占到了 33.81%。按照用电量占比排序，前五类分别是办公建筑、综合建筑、宾馆饭店、商场和教育类建筑。

林波荣说："无论从电耗数据量、对建筑类型的覆盖面，还是从电耗数据覆盖的年份、详细程度来讲，这些数据都足以显示北京——这个国际化大都市的公共建筑的总体电耗水平。这一数据库所揭示的公共建筑面积、能耗总量及分布问题，以及建筑权属和运行管理单位的相关信息，可以为我市'十三五'乃至未来更长时间的公共建筑节能政策提供支撑，必将长久地发挥作用。"

奖优罚劣未完成采集单位须整改

依据公共建筑电耗限额管理基础信息库提供的数据，今年，北京市住房城乡建设委员会对全市 2014 年电耗限额执行情况进行了考核。北京网信物业管理有限公司、北京建工物业管理有限公司等单位运行管理的 116 幢建筑被评为"年度电耗限额管理考核优秀建筑"。

林波荣说："在考核中，我们关注到一批节能先进单位，也就是实际用电量降低率居于全部考核对象前 5% 的建筑。电耗降低的原因是多种多样的，各家节能降耗的手段也各有千秋，但其中一定有扎实系统地开展节能工作并在节能运行和管理等各方面能起到示范作用的典型。"

据介绍，对于实际用电量超出限额 20% 以上的公共建筑，北京市住房城乡建设委员会和各区县建设主管部门将督促建筑所有权人实施能源审计，并责令其依据审计结果加强节能管理和实施节能改造。对于连续两年实际用电量超出限额 20% 以上的公共建筑，将责令改正，同时处 3 万元以上 10 万元以下罚款。

用限额管理撬动节能市场

"十三五"期间，北京市将继续开展公共建筑电耗限额管理工作，以"抓住新建、盘活存量"为方针，将新建公共建筑及时纳入管理范围。

林波荣说："同任何新生事物一样，电耗限额工作开展的过程中也必然存在着不足和有待改进之处。下一步，我们在对公共建筑用电量进行大数据分析动态更新的基础上，实现从限额管理向定额管理的转变，并计划逐步将除电耗外的其他能耗，如水、燃气等，也纳入限额管理范围内。未来，我们希望通过实施公共建筑能耗限额管理工作撬动我市公共建筑节能市场，建立政府引导、市场推动的管理模式，破解既有公共建筑存量大、能耗高这一难题。"

据悉，北京市将建立配套的节能服务体系，包括建立针对超限额公共建筑的帮扶机制、建设节能改造方式精准推介平台等，从而进一步完善公共建筑电耗限额管理体系。目前，北京市正在探索推进公建级差电价制度。

（本报记者刘月月通讯员　林琳）

《首都建设报》相关新闻报道
（2015 年 11 月 02 日）

七成公建用电限额考核

你所在的写字楼每个月耗电量多少？有什么节能潜力？这些问题在本市已经得到解决。近日，北京市住房和城乡建设委员会（简称：市住建委）建成全国首个城市公共建筑电耗大数据平台（简称：电耗平台）完成。平台覆盖本市七成公共建筑，今后超额用电建筑将面临最高 10 万元的处罚。

目前，全市纳入能耗限额管理建筑的基础信息采集工作完成了 97% 以上，掌握了各建筑自 2011 年至今的全部逐月用电量结算数据，并在此基础上对 13237 栋公共建筑实施了电耗限额考核，覆盖面达到全市公共建筑七成以上。

通过对从 2011 年至 2014 年电耗数据对比可以看出，经过多年节能技术改造，全市办公建筑和商场建筑能耗连续三年降低，而教育类建筑则呈现逐年上升的趋势，教育类建筑节能潜力巨大。

公共建筑节能对企业和社会的利好影响突出。北京市碳排放交易自 2013 年 11 月 28 日开市，截至 2015 年 10 月 29 日，全市碳排放配额累计成交 1433 笔，成交量 531 万吨，交易金额 2.38 亿元，市场累计交易量和交易额均位居全国 7 个试点地区前列。市发改委负责人表示，本市重点排放单位可通过节能技改降低碳排放量，将自己富余的配额向市场交易；未被列入本市重点排放单位名单的企业，采用节能技改等措施产生碳减排量，在满足 2013 年 1 月 1 日后实际产生，并经由第三方核查机构核查以及市发改委审定等条件后，可以纳入本市碳市场的抵消机制。

对于考核超限额的公共建筑，连续两年实际用电量超出限额 20% 以上的公共建筑将责令其改正，并处以 3 万元以上 10 万元以下罚款。为何将处罚限额定为 20%？北京建筑技术发展有限责任公司研究人员说："处罚红线经过多次测算，如果公共建筑超 1 度就处罚有些不合理，但也不能无限放大。通过测算，我们考虑建筑节能潜力，采集了 2011 ~ 2014 年足月的数据后分析发现，管理水平好的企业能耗是有波动的，一般在 5% 至 10%，如果超过 20% 足以说明企业管理存在漏洞，这也是处罚依据确定为 20% 的原因。"

（记者　谢峰）

附录9 2016年新闻座谈会

新闻通稿

北京市公共建筑电耗限额管理——几家欢喜几家忧

2016年7月28日，市住房城乡建设委、市发展改革委联合发布了《关于加强我市公共建筑节能管理的通知》（以下简称：《通知》），151家单位因连续两年超过电耗限额20%，被强制实施能源审计；2016年9月18日，两委又联合印发了《关于对2015年度公共建筑电耗限额管理考核优秀建筑的通报》（以下简称：《通报》），342栋建筑因2015年实际用电降低率居全部考核对象的前5%，被评为考核优秀建筑，其中14栋建筑2014年、2015年连续两年被评为考核优秀建筑。

为加强北京市公共建筑节能管理，降低公共建筑能耗，市政府办公厅于2013年发布了《北京市公共建筑能耗限额和级差价格工作方案》，旨在通过节能目标考核和价格杠杆调节实现对公共建筑能耗的限额管理。2014年，我市发布实施《北京市民用建筑节能管理办法》（市政府令第256号），从法规层面进一步强化了公共建筑能耗限额管理工作。随后市住房城乡建设委联合市发展改革委共同发布了《北京市公共建筑电耗限额管理暂行办法》，对3000平方米以上且公共建筑面积超过单体建筑面积50%公共建筑的信息采集、电耗限额确定和考核进行了明确的规定。

"公共建筑"已成为我市用电大户

截至2015年底，我市公共建筑面积约为3.2亿平方米，占城镇民用建筑总面积的39.3%。全市民用建筑总能耗占社会能源消费总量的40%以上。其中，仅公共建筑电耗一项就占全社会终端能耗的约13%，公共建筑已经成为我市能源消耗的重点，节能潜力巨大。

2014年以来，我市大力开展公共建筑电耗限额管理工作，两年时间里共对6000多家单位共计13000多栋公共建筑下达了年度用电限额指标，涉及1.71亿平方米。据2014年、2015年电耗限额考核结果显示，我市部分公共建筑连续两年用电超限额20%以上，其中大型公共建筑占比较大，节能潜力有待挖掘。

大型公建应报告"能源利用状况"

按照市政府令第256号要求，单体2万平方米以上大型公共建筑业主应进行"能源利用状况报告"。对于已完成公共建筑能耗限额管理基础信息采集的大型公共建筑，

182

年度能源利用状况报告的填报形式为在线填报，通过"北京市公共建筑能耗限额管理信息系统"注册登录后，即可进行填报。对于近两年新竣工，尚未完成公共建筑能耗限额管理基础信息采集的公共建筑，根据市住建委日前发布的《关于配合开展公共建筑能耗限额管理基础信息采集填报工作的通知》，大型公共建筑能源利用状况报告的填报工作将结合新一轮信息采集工作一并开展。

连续两年超限额 20% 的公共建筑强制能源审计

依据市政府令第 256 号第三十二条规定，年度能源利用状况报告显示建筑物能源利用状况明显异常，或者超过公共建筑年度能耗限额 20% 的，市住房城乡建设行政主管部门应当责令该公共建筑的所有权人实施能源审计。

《通知》公布的第一批共计 151 栋 2014 年、2015 年连续两年超限额 20% 的公共建筑和用能单位，建筑的产权单位、运行管理单位、实际使用单位应当进行能源审计，并依据审计结果加强节能管理和实施节能改造。能源审计的标准按照《公共建筑能源审计技术通则》DB11/T 1007—2013 进行简单审计，报送时间是 9 月 15 日前、报送方式是采用纸质版报送，其中建筑面积在 2 万平方米及以上的公共建筑向市住建委报送，其余公共建筑向所在区住建委报送。电耗限额考核不合格的公共建筑所有权人，当年不得参加市、区县级文明机关、文明单位评选，电耗限额考核不合格的公共建筑，不得参加北京市物业管理示范项目评选。

对拒不填报、未按照要求填报能源利用状况报告、拒不开展或未按照要求开展能源审计、不制定节能整改方案并按照方案整改等情形的，依据《北京市民用建筑节能管理办法》有关规定，对产权单位、运行管理单位、实际使用单位进行相关处理和处罚。

342 栋建筑被评为考核优秀建筑

根据《北京市民用建筑节能管理办法》（市政府令第 256 号）和《北京市公共建筑电耗限额管理暂行办法》（京建法〔2014〕17 号）相关规定，市住房城乡建设委、市发展改革委对全市公共建筑考核对象 2015 年度电耗限额指标进行了考核，并对考核优秀的建筑进行了通报。

《通报》所涉及的 226 家单位 342 栋考核优秀建筑，2015 年度实际用电降低率居于全部考核对象的前 5%，建筑电耗降低明显，节能管理工作效果显著。《通报》也希望这些考核优秀建筑继续做好节能工作，用实际行动和节能数据说话，进一步在节能方面对全市公共建筑起到标杆模范作用。《通报》呼吁社会各单位应以考核优秀建筑为榜样，推动本单位建筑节能工作的开展，共同为建设国际一流的和谐宜居之都作出贡献。

附录 10　2014 年《北京日报》公共建筑电耗限额管理宣传专版

区县街道基础信息采集和核对

公建夜间外景

公建内部照明

公建能耗限额工作动员培训会

北京首试 3000m² 以上公建电耗限额

一座普通的玻璃幕墙大厦，能消耗掉多少能源？金融街、CBD 区域鳞次栉比的玻璃幕墙式大厦，加起来又能消耗掉多少能源？

这两个问题的答案，普通市民可能答不出来；但一组组显示着公共建筑高能耗的数据，却沉甸甸地压在了推动这个城市运行者的心上——今年北京市"两会"上的政府工作报告中明确提出：要对本市行政区域内单体建筑面积在 3000 平方米以上（含）且公共建筑面积占该单体建筑总面积 50% 以上（含）的民用建筑实行电耗限额管理。而且，这项工作已被纳入市政府 2014 年折子工程。

起因——公共建筑节能潜力巨大

北京作为我国首都和国际超大型城市，随着城市建设规模的不断扩大和产业结构调整的逐步深入，建筑领域的高耗能问题日益突出。全市建筑节能量占社会能耗节能总量的 40% 以上。其中，公共建筑电耗占建筑能耗 1/3 左右。如此计算，建筑节能潜力何等巨大。

从"十二五"开篇之时，北京关注了这个电力、能源的高消耗区域。北京市住房和城乡建设委员会相关负责人表示，随着城镇化进程加快和消费结构持续升级，本市能源需求呈现刚性增长，资源环境约束需要日趋强化。在"十二五"时期，节能减排形势十分严峻，任务十分艰巨。建筑领域的节能，占到全市节能目标的 40% 以上。

于是，根据《北京市"十二五"时期节能降耗及应对气候变化规划》要求，"十二五"期间，北京市公共建筑单位面积电耗，要实现下降 10% 的约束性节能目标。

但摆在政策推动者面前的，是一道难题——公共建筑节能缺乏强有力的约束机制和激励政策，部分公共建筑存在冬天开窗放热、夏天过度供冷的能源浪费现象，还有部分新建公共建筑片面追求新颖特异和豪华装修，能耗奇高。

"虽然有这样的困难，但推进公共建筑节能仍旧是推进建筑节能减排的重要抓手。我们必须以降低公共建筑能耗为目标，以节能目标考核和价格杠杆调节为手段，对公共建筑实行能耗限额管理，对于提高公众节能意识、促进节能改造和完成节能减排总体目标具有重要意义。"市住建委相关负责人说。

于是，全市行动起来。2013 年 5 月，市政府办公厅发布《北京市公共建筑能耗限额和级差价格工作方案（试行）》，明确提出要制定公共建筑能耗限额管理办法。2014 年，市政府折子工程明确提出今年本市对单体面积超过 3000 平方米（含）且公共建筑面积占该单体建筑总面积 50% 以上（含）的公共建筑设置电耗限额。

一切铺垫都已经完成，市住建委牵头，开始组织政策体系的搭建。

在市住建委相关负责人案头，端端正正放着两份红头文件——一份是市政府办公厅印发的《北京市公共建筑能耗限额和级差价格工作方案（试行）》，另一份，则是市住建委和市发改委联合发布的《公共建筑电耗限额管理暂行办法》。两份文件已经在全市施行。市住房城乡建设委正与相关单位一道，共同推进全市公共建筑电耗限额管理，积极推动本市公共建筑节能。在全市十六个区县以及亦庄开发区，全面开展公共建筑能耗限额管理基础信息采集工作。

积累——公建节能意识　从信息采集普及知识做起

时间紧任务重，难度前所未有，为了按时按量完成信息采集任务，各个区县积极行动,使出了浑身解数,已采集建筑总数达到10000多栋。一场利国利民的公建能耗"攻坚战"已经悄然打响。

从2013年8月开始，市住建委就组织各区县建委和各街道办事处对全市符合要求的公共建筑进行了基础信息采集。采集内容主要包括建筑基础信息、产权单位、运营管理单位以及电力信息等。通过区县的积极动员，各单位积极配合，目前信息采集工作已经基本完成，进入收尾阶段。

调查的过程,就是政策普及的过程。市住建委先给各区县建委和街道办事处讲政策、做培训。之后，又分别在东城区、西城区、丰台区、朝阳区、石景山区、房山区、昌平区等区县组织建筑产权单位、运行管理单位做电耗限额工作动员。有了一股让全市公建能耗降下来的心气儿，各区县纷纷行动起来，开始普及和推广。

亦庄辖区内，工作人员们分期分批，做了好几轮培训。企业的问题工作人员一一进行了解答，对市里的文件，他们也一一进行了分解。分解了任务，分解到个人。

"我们刚开始接到这项任务的时候压力也很大，调查的有效时间就7个星期，中间还有春节。我们拿到名单后做到从易到难，把比较容易接触的，最近联系过的企业首先通知到，逐一对他们进行培训。"亦庄地区的基础信息采集工作负责人说。

这样一来，亦庄辖区内3000平方米以上的公共建筑数据采集工作，都是由亦庄建设局的工作人员到每一个单位去进行当面沟通，虽然人员有限，但还是完整地实现了信息采集。

和亦庄一样，其他大部分区县需要采集信息的单位量同样也都很大，而且比较分散。如朝阳、西城、东城等区，需要采集信息的建筑都有上千栋。他们充分借助于街道力量，化整为零，将任务逐一分解到各个街道来具体执行。

朝阳区小关街道就很用心地根据信息采集任务的具体内容，精心设计了一份专用表格，共涉及30多项具体内容，他们将表格发到了各个企业单位，进行详细的讲解和填写培训。

但这样的工作，也曾经碰壁。由于能耗信息采集工作必须细致而繁琐，一些业主单位认为是在给自己增加工作量，因此，一些单位不太情愿配合工作，更不用说主动开展信息采集了。

"一些级别很高的企业，不理解我们为什么这么做。我们就得勤跑着几趟，多跟他们沟通沟通。"街道相关负责人说。他们还给产权单位提供了相应的技术讲解，特别

北京市区县公共建筑采集核查量面积占全市公共建筑总面积比例

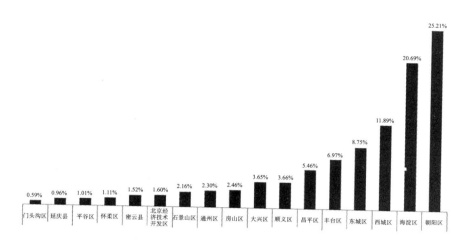

是对一些楼体建设性质、建成年限等信息不清晰的，他们还逐一协助查证、做出解释，发放到各个单位。

"我们平时工作接触关系都挺好的了，通过这次以后，我们也加强沟通，所以也都特别的理解和支持了，最重要还是一份真心，真诚。"这位负责人说。

通过各区县的共同努力，目前，全市能耗信息采集工作已经基本完成。而信息采集汇总、统计工作完成后，接下来是更艰巨的任务——各个公共建筑节能降耗的具体实施。

蓝图——"我要做"公建电耗限额"攻坚战"吹响号角

市住建委相关负责人表示，在所有大面积公共建筑中，学校、医院、酒店、写字楼、商场耗能最高，对这些项目的耗能进行有效控制，是全市公共建筑降耗的重中之重。事实上，如果科学规划、措施到位，这些大型公建节能降耗效果将非常显著。同时，还可以节省大笔费用支出，取得良好的经济效益。

"现有的建筑由于设计的年代、建筑的类型、使用者的行为都不同，出现了高能耗的现象。但高能耗的区域也是节能潜能大的区域，业主实现降耗的可能性很大，风险很小。"一位专家说。

对此，国贸深受裨益。"从去年开始，在我们国贸一二三期的停车场陆续采用了LED 的照明，替换普通的 T8、T5 的日光灯，这项就可以减少大概 60% 照明的能耗。"国贸一位项目负责人说。

尝到甜头的企业更乐意再次投入。今年，国贸又投资 500 多万对一二三期写字楼所有公用区的照明全部改成 LED 灯具。经测算，一年照明的能源消耗可以降低大概 300 万元。不到两年，就能收回投资。

为了方便每个公共建筑运营单位掌握各自的"家底儿"，北京市公共建筑电耗限额

公共建筑电耗限额确定方法

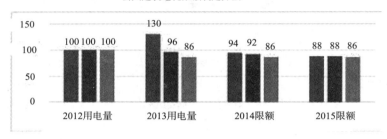

都通过北京市公共建筑能耗限额管理信息平台（http://nhxe.bjjs.gov.cn）发布，各相关单位可以登录平台查看自己建筑的基础信息、月用电量以及年度限额指标等信息。作为技术支撑单位，北京建筑技术发展有限责任公司作为北京建工集团旗下致力于建筑节能的专业公司，承接了全市公共建筑能耗限额管理的技术服务工作。

他们发现，很多单位在节能改造的初期都会遇到各种各样的问题，其重要原因就是没有把这项工作提升到"企业自觉、项目自愿"的高度。

"认识是需要有一个过程的，刚开始全社会对节能认识也存在着一些误区，认为节能不节钱，投资大，效果低，不值当。而现在我们已经尝到了甜头，投入和产出随着时间的推移效果越来越显著，因为它的经济效益体现出来了。"北京交通大学相关负责人拿着账本说。账本上显示，2010年能耗2.3万吨标准煤，到了2013年能耗降为1.3万吨标准煤，下降了整整1万吨标准煤。而随着水费、电费成本的上涨，其资金节约的甚至还要更多。

看到节能远期效益的单位，开始自动从"要我做"变成了"我要做"。招商局大厦方面负责人说，他们会在年底制定下一年度的节能运行指导书，在指导书里就把用水、用电管理方面做一些书面制度性要求，使下一年度的节能工作有据可依。而曾经质疑翠微百货灯具改造的商户们，也高高兴兴接受了新的节能光源。

"这是一场利国利民的攻坚战；这是一场全社会共同参与的攻坚战；这是一场必须取得全面胜利的攻坚战。"市住建委相关负责人说，在市委市政府的统一部署下，各单位各部门密切配合，各司其职，市有关部门制定细致的实施方案，严格考核加强监管，各区县政府充分发挥市政府折子工程的实施主体责任，各公共建筑成员产权单位作为最终受益者积极参与，严格落实《北京市公共建筑电耗限额管理暂行办法》的相关规定，这场已在全市全面推广的公共建筑能耗攻坚战，必将取得丰硕战果。

据了解，北京已全面发布 2014 年、2015 年公共建筑电耗限额标准。市住建委将对 2014 年电耗限额实施情况进行考核。完成情况优秀的和超限额 20% 的高电耗建筑，将对其所有权人、运行管理单位或使用单位进行公示。

此次开展的公共建筑能耗限额管理基础信息采集是市住建委在全市范围内开展的最大规模的采集工作。全面采集汇总了社会各行业公共建筑基础信息和能耗信息，为"十二五"时期和未来开展公共建筑节能管理工作奠定了基础。这项工作的成功开展离不开全社会、各行业的积极配合，感谢社会各界对公共建筑能耗限额管理工作的支持，同时请继续关注和支持公共建筑节能工作，为北京这座超大城市的可持续发展做出应有贡献。

相关政策摘编

一、《北京市民用建筑节能管理办法》

"本市施行公共建筑能耗限额管理制度，逐步建立分类公共建筑能耗定额管理、能源阶梯价格制度。"

"市住房城乡建设行政主管部门会同发展改革等主管部门确定重点公共建筑的年度能耗限额，对具有标杆作用的低能耗公共建筑、超过年度能耗限额的公共建筑和公共建筑的所有权人、运行管理单位定期向社会公布。"

"对超过年度能耗限额的重点公共建筑，有关行政主管部门应当要求建筑物所有权人制定整改方案，并督促其采用节能技术，减少能源消耗。"

"重点公共建筑连续两年超过年度能耗限额的 20%，由住房城乡建设行政主管部门责令改正，处 3 万元以上 10 万元以下罚款。"

二、《北京市公共建筑能耗限额和级差价格工作方案》

实施范围：本市行政区域内单体建筑面积在 3000 平方米以上（含）且公共建筑面积占该单体建筑总面积 50% 以上（含）的公共建筑。

公共建筑包括：办公建筑、商场建筑、宾馆饭店、文化建筑、医疗卫生、体育建筑、教育建筑、科研建筑、综合、其他建筑等类型

各部门职责：市住房城乡建设委负责本市公共建筑能耗限额管理工作的制度设计、公共建筑能耗限额管理信息系统建设和维护、制定能耗限额测算方法和考核奖励制度、开展宣传培训等工作。

市发展改革委负责拟订用能超限额级差价格方案，并报国家主管部门批准；负责全市公共机构能耗限额管理、考核和监督等工作。

市财政局负责制定超限额加价费征收和管理细则，安排资金支持公共建筑能耗限额管理信息系统的建设与维护，支持本市公共建筑分类分项计量和节能改造等工作。

市市政市容委负责统筹推进热力、燃气等用能计量工作，配合相关部门推进综合能耗限额管理等工作。

市统计局负责公共建筑能耗统计指导等工作。

市教委、市商务委、市旅游委、市文化局、市卫生局、市广电局、市体育局等部门配合市住房城乡建设委和市发展改革委，完成各系统所属单位公共建筑能耗限额管理工作，指导、监督和考核各系统公共建筑产权单位和使用单位开展节能等工作。

市国资委负责配合有关部门指导、监督所监管单位公共建筑能耗限额管理工作，配合相关部门开展节能目标责任评价考核考评，并依据结果对国有企业负责人经营业绩进行考核。

各区县政府负责组织开展能耗限额管理实施对象认定、建筑和能耗信息申报、公共建筑考核和奖励、能源审计和公共建筑节能改造等工作。

市电力公司负责公共建筑电力消耗计量工作，负责传送公共建筑电耗数据至公共建筑电耗限额管理平台；负责超限额加价费随电费征收并上缴市财政；配合开展公共建筑能耗限额管理信息系统建设工作、公共建筑实施对象认定等工作。

三、《北京市公共建筑能耗限额管理暂行办法》

1. 实施内容

对本市行政区域内单体建筑面积在 3000 平方米以上（含）且公共建筑面积占该单体建筑总面积 50% 以上（含）的民用建筑设置 2014 年和 2015 年电耗限额指标。

2. 电耗限额计量方法

公共建筑电耗限额依据本市建筑节能年度任务指标和电力用户历史用电量确定。2014、2015 年公共建筑电耗限额的确定方法如下：

（1）2013 年耗电量比 2011 年增加的电力用户，2014 年、2015 年限额值在 2011 年耗电量基础上，按 6% 和 12% 降低率分别确定。

（2）2013 年耗电量比 2011 年降低的电力用户，在 2011 年耗电量基础上，按照 12% 扣减 2013 至 2011 已降低率后平均分配到两年的原则，确定 2014 和 2015 年的限额值。

（3）2013 年耗电量比 2011 年已经下降 12% 以上的电力用户，2014、2015 年限额值均按 2013 年耗电量进行考核。

（4）2011 年用电量数据不完整的电力用户，限额计算以数据完整年度用电量为基准，2014 年、2015 年限额值在此基准上分别降低 6% 和 12%。

（5）对于未按期填报基础信息的电力用户，其年度电耗限额参照同类建筑单位建筑面积电耗限额值较低的前 10% 平均水平确定。

（6）2016 年以后年度的限额另行制定。

文/宋艳　林琳　邱样娥

附录11 2015年《北京日报》公共建筑电耗限额管理宣传专版

两年时间，通过能耗限额考核，本市公共建筑已节约用电约 2.5 亿度，相当于 10 万余户家庭一年用电量，每年能节约标准煤 10 万吨，减少排放碳粉尘 6.8 万吨、二氧化碳 24.925 万吨。

两年时间，本市建成了国内首个城市公共建筑电耗大数据平台，涵盖 13237 栋公共建筑的基本信息、逐月用电数据、年度限额、考核情况等 50 余项数据。

两年时间，116 栋公建采用自控系统升级、更换 LED 灯具等各种节能技术措施，作为"电耗限额管理考核优秀建筑"得到市住建委、市发改委通报表扬,涵盖商业写字楼、学校等多种类型……

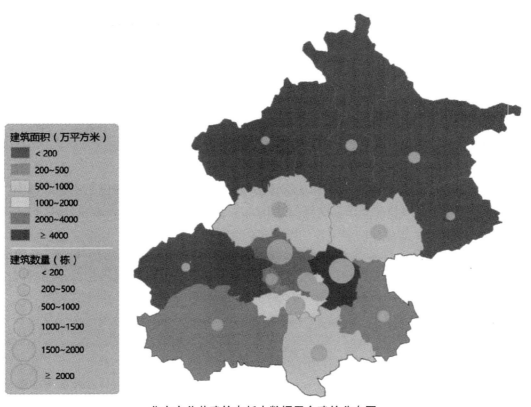

北京市公共建筑电耗大数据平台建筑分布图

北京市公共建筑能耗限额新闻座谈会

北京建筑技术发展有限责任公司技术人员现场调研

2015年12月20日，中央城市工作会议在北京召开。城市规划、建设、管理成为中心议题。建筑是城市的重要组成，也是能耗大户。给建筑能耗戴上"紧箍咒"，是落实城市管理创新、协调、绿色、开放、共享之发展理念的关键环节之一。

一年前，本报刊登《打赢公建能耗"攻坚战"》一文，对本市公共建筑能耗限额管理工作的开展情况进行了深入报道，受到广泛关注。一年过去了，这场"攻坚战"是否取得了阶段性的胜利？今后的"战略战术"又如何？将给我们的生活带来怎样的变化呢？

行动

有法可依是必然之路

"公共建筑能耗限额管理，是一场利国利民的攻坚战；是一场全社会共同参与的攻坚战；是一场必须取得全面胜利的攻坚战。"2014年某次工作会上，北京市住房和城乡建设委员会领导的话，道出了公建能耗限额管理的意义、措施和目标。

但如何充分调动各政府部门、用能单位的主动性和参与度呢？有法可依是必然之路。2015年，是基于《北京市民用建筑节能管理办法》和《北京市公共建筑能耗限额和级差价格工作方案》等相关办法，制定的《北京市公共建筑电耗限额管理暂行办法》(以下简称《暂行办法》)实施元年。

什么样的建筑必须要执行电耗限额管理呢？"本市行政区域内单体建筑面积在3000平方米以上（含）且公共建筑面积占该单体建筑总面积超过50%以上（含）的民用建筑（保密单位所属公共建筑除外）"，《暂行办法》首先对实施对象进行了明确。

《暂行办法》明确了市住建委"综合协调"责任和市发展和改革委员会等其他委办局的职责，同时还明确了公共建筑电耗限额工作实行属地管理，各区县政府全面负责本辖区内公共建筑电耗限额管理工作。

为确保电耗限额管理流程的规范、严谨、科学和可操作性，《暂行办法》对公共建筑基础信息采集与变更、电耗限额的确定与调整和电耗限额数据的使用与考核，进行了全方位法律明确。

"这一办法的出台，让公共建筑能耗限额管理工作走上了依法开展的轨道，不仅使工作的职责清晰了、流程规范了、管理严谨了，更使这场'攻坚战'有了法律武器，对工作的开展起到了强有力的助推作用。"市住建委相关领导兴奋地说。

严格考核让用电不再"任性"

临近年底，某大厦的物业负责人不再像往年那样清闲。每天不知道要往配电室跑几趟，一次次查看电表数额；工作时间挨个办公室宣传节电政策和节电办法，仿佛成了整个大楼的"节电大使"；下班后，他还要挨个楼层进行巡视，帮着关灯、关饮水机、关空调。"没有办法！如果我们今年再超用电限额的话，公司将面临好几万的罚款啊！"负责人忧心忡忡地说。

依据电耗数据库提供的数据，2015 年，市住建委对完成能耗基础信息采集的公共建筑进行了严格考核。按照《暂行办法》的相关规定，对实际用电量超出限额 20%以上的公共建筑，市住建委将督促建筑所有权人实施能源审计，并责令其依据审计结果加强节能管理和实施节能改造；对连续两年实际用电量超出限额 20%以上的公共建筑，将责令改正，同时处以 3 万元以上 10 万元以下罚款。

"通过系列节能改造措施，我们不仅每年可节约用电数十万度，还得到市住建委和市发改委的通报表扬。可以说，推行公共建筑电耗限额管理，让我们名利双收。"与上面那位负责人相比，大成大厦的物业负责人却是喜形于色。据悉，与大成大厦一同获得两委通报表扬的公共建筑共有 116 栋。

电耗大数据平台让决策更科学

进入北京建筑技术发展有限责任公司前台大厅，装饰新颖的圣诞树，排列整齐的绿色植物，精心设计的职工新年寄语墙，无不散发着浓浓的节日气氛。而此时公司的员工却紧张地忙碌着，数据导入、数据分析、数据发布，围绕国内首个城市公共建筑电耗大数据平台，他们忙得不亦乐乎。

公建电耗限额管理是一项长期、复杂的系统工程，如何借助于新时代的科技力量，将大数据监测、互联网＋能耗、科学动态监管理念融入公建电耗限额管理中，城市公共建筑电耗大数据平台应运而生。

众志成城。为确保数据的全面性、准确性，2015 年，全市 16 个区以及亦庄开发区的建设主管部门、300 余个街道办事处（乡镇政府）及其下辖社区的 7000 余名工作人员投入到了公共建筑电耗基础信息采集工作中。目前，全市 97%以上纳入能耗限额管理的公共建筑基础信息、部分建筑自 2011 年至今的全部逐月用电量结算数据，一组组庞大而珍贵的数据构成了国内首个城市公共建筑电耗大数据平台。

"无论从电耗数据量、对建筑类型的覆盖面，还是从电耗数据覆盖的年份、详细程度来讲，这些数据都足以显示北京——这个国际化大都市的公共建筑总体电耗水平。这一数据平台所揭示的公共建筑面积、能耗总量及分布问题，以及建筑权属和运行管理单位的相关信息，可以为本市'十三五'乃至未来更长时间的公共建筑节能政策提供支撑，必将长久地发挥作用。"业内专家对大数据平台的作用给予了高度评价。

态度

成绩是显著的，过程是艰辛的，实施公共建筑电耗限额管理离不开社会各方的参与和支持。

用能单位：节能改造让电表慢下来

"往年冬天我们这热的区域得开窗降温，冷的区域羽绒服不能脱还冻得手脚冰凉。今年好了，温度均衡，舒适度非常高。"在建工大厦工作的员工们今年的幸福指数非常高。

是什么让其有如此大的改善呢？"实施公共建筑电耗限额管理以来，针对设备老旧导致冬季供暖冷热不均且耗能高的现状，我们在今年采暖季前，对供暖系统进行了优化改造，大厦的温度均衡了，电耗和燃气用量也降下来了。另外从去年开始，我们陆续对大厦内的照明系统进行了改造，将9973套照明灯具全部更换为LED绿色照明灯具，仅三个月就节约11万度电，这让我们尝到了甜头。看来，节能降耗真的是一项系统工程，这也是我们在公共建筑能耗限额考核中脱颖而出的原因。"建工物业负责人的话让我们很受启发。

去过大成大厦地下车库的人稍稍留意，会发现灯具都是LED灯。LED灯市面上价格不菲，是什么促使他们全部更换的呢？北京金隅物业管理有限责任公司金隅时代分公司负责人介绍说："公司一向重视节能工作，对大成大厦加装了自控系统，根据气候变化情况，对大厦内的空调运转速率、冷却塔的运行进行控制，给企业带来很大的收益。前不久，我们又将地下车场、楼道、机房等所有公共区域原有的部分40W灯管和电子节能灯更换为LED灯，共计2000余根，仅此一项一年可节约20万度电。"金隅物业举一反三的系列做法，让我们更能感受到节能空间的巨大。

翠微大厦在这次实施电耗限额过程中，他们针对区域照明时间的差异化，将人为巡查方式优化为分区域、分时间智能控制系统，有效降低了电耗，且投资回收期短。

类似以上三家用能单位的做法，在考核优秀单位中还有很多。他们的积极参与，不仅让自家的电表慢了下来，同时也让他们的降本增效的能力强了起来。

技术支撑：使命让我们创新发展

"公建能耗限额管理工作，让我们这些从事建筑节能的企业使命感更强了，更需要技术创新和发展模式创新。"作为深度参与本市公共建筑能耗限额管理的技术单位代表，北京建工集团旗下北京建筑技术发展有限责任公司总经理韩克颇有感触。

"通过参与公建能耗限额管理工作，我们的团队不仅需要针对各类建筑能耗数据采集、分析、诊断以及设备系统节能改造方案等方面不断进行技术创新，提高数据准确性和效率，更需要丰富公建节能改造的商业模式，方能得到政府和市场的认可。近期我们与多家单位签订了能源审计和节能改造项目，这正是在公建能耗限额管理大背景下，企业通过技术创新积极争取到的业务，也算是实现了国家、社会和企业多方在节能减排方面的共赢。"韩克的话语里透着一份欣喜，更带着对企业未来发展的自信。

政府部门：智慧管理让城市更有"韧性"

"有限的资源，脆弱的环境，节能降耗是每一个社会人不可推卸的责任，更是关系千秋万代的大事。"面对全市万余栋公共建筑的动态能耗监测管理，以及不断"生长"的新增公共建筑，公共建筑电耗限额管理既要控制存量，更要管住增量。作为公共建筑电耗限额工作属地管理部门，各区住建委在这场"攻坚战"中可谓各显神通。

丰台区建委结合工作实际，采取分阶段、分步骤、分难易等方法，细化任务清单，逐类逐项推进任务落实。在数据采集过程中，对于区域划分不明确的，实地踏勘；对已拆除或计划拆除的，现场拍照留存；对联系不到责任人的，张贴通知；对银行划账缴费的，协调供电部门配合；对于不配合或拖延不办的，约谈房屋产权人；对于卫星图片标定模糊的，现场取证拍照。对掌握存量建筑信息狠下功夫，共计完成 1400 多栋建筑信息采集，采集覆盖率名列前茅。

通州区建委按照"国际标准、世界眼光、中国特色、首都特点"的总要求，在全力推动工程建设的同时，将新增公建主动对接、纳入电耗限额管理工作。将管住增量工作与新竣工建筑节能验收备案工作有效结合，对新竣工公共建筑的电力用户信息进行采集，使建筑从获得"出生证明"那一天，就直接纳入到电耗限额管理中，有效掌握了新增建筑基本数据信息。

相关政府部门的全局观、前瞻观，必将推动新区的低碳发展，旧城的绿色更新。

愿景

中央城市工作会议的召开，为城市管理工作指明了方向，更对公共建筑能耗限额管理工作提出了更高的要求。任重道远，我们砥砺而行。

严：考核制度严格执行

依据《暂行办法》的相关规定，年电耗限额考核超限 20% 以上的公共建筑必须开展能源审计。目前市住建委正在着手制定相关管理办法，就能源审计单位的管理、能源审计的内容、法律责任等进行规范。"有法必依、执法必严，是确保公建电耗限额管理快速深入开展的关键。在今后的工作中，我们将严格执行考核制度，以制度落实促进各用能单位节能的积极性。"清华大学建筑技术科学系教授、市住房城乡建设委节能建材处副处长林波荣介绍说，"在 2016 年工作中，我们将对未按照要求开展能源审计、未按照规定报送能源审计结果或者报送虚假审计报告的用能单位，责令其改正，逾期不改正的，处 1 万元以上 3 万元以下罚款。对连续两年实际用电量超限额 20% 以上的公共建筑，将责令改正，同时处 3 万元以上 10 万元以下罚款。"

据悉，在公建电耗限额管理工作中，除行政措施之外，市住建委正会同市发改委等相关部门积极推进公共建筑级差电价制度，未来超限额公共建筑用电电价将在现有基础上加价 20% ~ 50%。

拓：从电耗向全能耗拓展

电耗限额管理只是能耗限额管理的第一步。林波荣透露，"在对公共建筑用电量进行大数据分析动态更新的基础上，实现从限额管理到定额管理的转变，并计划逐步将除电耗外的其他能耗，如水、燃气等，也纳入到限额管理范围内。"

电耗限额管理已经形成了管理办法，搭建了管理体系，为开展包括其他能耗在内的综合能耗限额管理工作积累了经验，奠定了基础，针对其他能源特点，市住建委将会同相关部门和专业能源供应公司开展前期工作。

智："三化"使能耗限额管理更完善

未来，本市公共建筑能耗限额管理将实现"三化"，即管理对象精准化、限额计算区别化、能耗数据公开化。林波荣解释说，"对于目前受电力结算计量条件所限，不能单独进行考核的限额管理对象，将通过逐步的计量改造，实现管理对象的精准化；在限额测算方法上将更加注重方法的科学性、合理性，对于复杂的能耗影响因素将随着数据库信息的不断丰富完善，在限额指标测算中予以合理考虑，实现限额计算区别化；成果共享，拓展数据的使用范围，深度挖掘数据价值，对于公共建筑电耗限额数据，将分步骤推进数据的公开化。"

活：创新"助燃"公建节能市场

城市不只是建筑，更是梦想的承载。随着北京市经济结构向"高精尖"迈进，公共建筑在为市民提供公共服务的同时，还承载着生机勃勃的产业。节能降耗，不仅仅使建筑提供的公共服务品质更好、环境更宜人，还切实从降本增效的角度提升产业竞争力。

在谈到对公建能耗限额管理未来的战略规划时，林波荣说，"我们将积极发挥市场机制，通过实施公共建筑能耗限额管理工作撬动本市公共建筑节能市场，鼓励大众创业、万众创新，建立政府引导、市场推动的管理模式，破解既有公共建筑存量大、能耗高这一难题。"

据悉，目前本市正在研究制定"公共建筑能效提升三年行动计划"，在重点公共建筑能耗监控与数据披露、鼓励利用 PPP 与合同能源管理等市场化模式开展节能改造等方面将有系列措施出台，公共建筑节能市场空间广阔。

2016 年是"十三五"规划的开局之年。北京正以全方位的战略谋划，多维度的战术措施，在本市公共建筑能耗限额管理工作中全面落实创新、协调、绿色、开放、共享的发展理念，让电表不再"任性"，让城市更有"韧性"。

文 / 邱样娥　林琳　刘丽莉　何前玉

附录 12   2016 年《北京日报》公共建筑电耗限额管理宣传专版

"铃铃铃……"，一阵电话铃声响起后，市住房城乡建设委工作人员拿起了电话，"你好，市住房城乡建设委吗？我是××大厦，刚接到通知，我们大厦用能超限额，需进行能源审计。向您咨询一下具体情况。""是的，贵单位 2014 和 2015 连续两年用电超限额值 20%以上，且单位面积能耗超国家标准《民用建筑能耗标准》的约束值，根据《北京市公共建筑电耗限额管理暂行办法》和《北京市民用建筑节能管理办法》的规定，贵单位需进行能源审计，并依据审计结果落实相关节能建议。"市住房城乡建设委工作人员说。这样的电话，近期已成为常态。是什么原因让建筑业主突然这么关注起能耗来了？

据统计，截至目前，北京市公共建筑面积约为 3.17 亿平方米，仅其电耗一项就占全社会终端能耗的 13%左右，2014 年起在市住房城乡建设委的主持下，开展了全市3000 平方米以上公共建筑的能耗限额管理工作。工作开展以来，公共建筑用电下降 4.7亿度，相当于 20 万余户家庭一年用电量，折合标准煤约 13.4 万吨，公共建筑能耗限额管理工作初见成效。

目前，公共建筑能耗限额管理已成为本市节能工作新常态。那么，未来几年，公共建筑能耗限额管理工作的发展方向和工作重点在哪里呢？

北京市"十三五"时期民用建筑节能发展规划新闻发布会

技术人员在开展能源审计

【挖掘】

电耗怎么降？能源审计来"支招"

大数据分析告诉我们，自 2014 年公共建筑电耗限额管理工作开展以来，北京市公共建筑已节约用电约 4.7 亿度，从宏观层面来看，这场公共建筑能耗"攻坚战"无疑已初战告捷，当我们转换视角，把目光投向每个公共建筑个体时，如何考察其实现节能目标的情况呢？让我们从微观层面一探究竟。

在 2016 年 7 月和 11 月举办的两次北京市公共建筑能耗限额管理工作培训会上，与会专家介绍了公共建筑节能专业知识，政府主管部门介绍了能耗限额管理工作的政策方针和下一步的工作方向。

公共建筑能耗限额工作进展如何？哪些工作需要业主配合？能源审计有哪些内容？节能审计执法流程怎样进行？送达注意事项有哪些？会上一一做了解答。从能耗限额背景到政策解读，从物业运行管理到绿色建筑，全方位、多层次的培训内容让建筑业主对公共建筑能耗限额工作有了全面和深刻的认识，进一步丰富了自身对建筑节能运行管理的知识。

"过去，我们完全没有用能超限额的概念，平时也没有刻意节省，这次培训后，我感觉做好节能方面的工作，非常有意义。"一位参加培训者道出了很多人的感受。

有关专家介绍说："能源审计工作主要包括对建筑整体的用能系统和管理体系进行梳理和调查；对各用能系统进行分类分项能耗计算，并与其他同类型建筑进行比较，得出审计结果；找出用能单位的节能潜力和用能方向，给出相应节能措施。"

"我们原来不了解什么是能源审计，经过专家的讲解发现能源审计就是对建筑用能进行诊断，看看存在哪些用能问题，需要开什么药方，以便我们能够顺利地完成节能目标，不超过能耗限额值。"来自公共建筑的业主代表高兴地说道。从参加培训者吐露的心声可以看到，公共建筑能源审计对节能工作带来的作用是积极且显而易见的。

那么哪些建筑需开展能源审计呢？根据《北京市公共建筑电耗限额管理暂行办法》和《北京市民用建筑节能管理办法》规定，年度能源利用状况报告显示建筑物能源利用状况明显异常，或者超过公共建筑年度能耗限额 20% 的，市住房城乡建设行政主管部门应当责令该公共建筑的所有权人实施能源审计。

能源审计已成为挖掘节能潜力的一个重要手段。7 月 28 日，市住房城乡建设委、市发展改革委联合发布了《关于加强我市公共建筑节能管理的通知》，151 栋公共建筑因连续两年超过电耗限额 20%，被强制实施能源审计。9 月 18 日，两委又联合印发了《关于对 2015 年度公共建筑电耗限额管理考核优秀建筑的通报》，342 栋建筑因实际用电降低率居全部考核对象的前 5%，被评为优秀建筑。这样的考核结果对业主单位来说可谓"几家欢喜几家忧"。

为进一步加强宣传，出实招、硬招让电耗在能源审计下降低，强化节能管理，9 月 29 日，北京市公共建筑能耗限额管理新闻座谈会召开，市住房城乡建设委再次对考核优秀的公共建筑进行了表彰，同时公布了连续两年超限额用电 20% 以上的公共建筑名单，并责令其开展能源审计，依据审计结果实施节能管理和节能改造。

"未按照要求开展能源审计或报送虚假能源审计报告的建筑业主，由市住房城乡建设行政主管部门责令改正，逾期不改正的我们将开展执法工作，进行相应的处罚。"北京市建设工程和房屋管理监察执法大队王颖队长说道。

对能源审计来说，执法工作是支撑能源审计发挥效用的重要一环。在培训会上，北京市建设工程和房屋管理监察执法大队向来自市住房城乡建设委、市发展改革委、市商务委、市旅游委，各区住房城乡（市）建设委（局）等政府部门和各区超限额公共建筑管理单位的相关人员进行了公共建筑能耗限额管理相关执法流程及《责成能源审计告知书》送达注意事项的培训。

【经验】

节能"新门道"：考核优秀建筑打造榜样力量

用能考核优秀的建筑，树立了建筑节能标杆，使超限额用能业主单位有了学习和借鉴的对象。他们这种榜样力量和示范作用推动着能耗限额管理工作不断向好向优发展。

曾被评为"北京市能效领跑者"的某酒店，就拥有丰富的节能举措和节能经验。该酒店三层的中庭广场层高 22 米，屋顶用透明玻璃搭建而成，2500 平方米的区域自然采光。酒店的扶梯为自动变频，无人乘坐时"休眠"。酒店的某些区域安装了"时间定时器"，营业结束后，定时器会自动把灯及其他用电设备关掉。另外，该酒店做了制冷机的更新。在制冷季，原来需开启两台制冷机，现在开启一台即可满足酒店的制冷需求。同时，酒店内部的灯具和夜景照明也换成了 LED 灯。酒店分区安装了三级计量的冷热水表，并对配电室电力采集系统进行升级改造，安装了分区级计量电表和采集系统等。

除了对硬件设施的节能改造，该酒店还成立了节能管理小组，加强管理节能，建立了严格的监管和考核制度。多种节能措施让酒店实现节能降耗的同时，也节约了可观的成本。

另外，某大厦办公楼的节能工作也做得卓有成效。该大厦的公共区域实现了智能照明控制。通过智能照明控制系统对大厦公共区域的照明进行分时分区控制。据大厦负责人介绍，这套系统在工作日和非工作日以及工作日的不同时间段的控制模式是不同的，例如在走廊区域，晚九点至次日早七点，四根灯管只亮一根灯管，既能满足监控照明需要，又实现了节能目的。另外，该大厦还制定了一套节水节电管理办法，管理人员每天在凌晨零点以后，对各个楼层进行巡视，及时发现并终止用能浪费现象，如关闭多余照明、待机电脑等，以达到节能降耗的目的。

有了这些节能门道，企业在发展过程中不仅实现了节能降耗和降本增效，也提升了科学管理水平。作为考核优秀的一个个单独的公共建筑，它们用自身有效的节能举措和节能成果帮助公共建筑能耗限额管理工作稳步实现能耗管控目标。

【升级】

一图"显神通"：公共建筑能耗数据实现可视化

目前，市住房城乡建设委已建成了国内首个城市公共建筑能耗信息管理平台，即北京市公共建筑能耗限额管理信息系统。平台管理对象为北京市范围内单体建筑面积3000平方米以上且公共建筑面积占比超50%的公共建筑，目前涵盖了一万三千多栋公共建筑的基本信息、逐月用电数据、年度限额、考核情况等50余项相关数据。各建筑业主可以登录查看自身基本信息、近5年实际用电量和能耗限额指标。另外，市住房城乡建设委在其官方微信公众号"安居北京"上开通了建筑节能模块，通过该模块也可查询以上信息。

2016年，市住房城乡建设委将房屋全生命周期平台中的建筑数据和限额管理信息系统中的电力数据结合起来，实现了全市公共建筑能耗的可视化展示。

可视化的展示平台主要是基于北京市公共建筑能耗限额管理信息系统中各建筑能耗数据而设置的能耗情况展示。主要通过不同维度来展示北京市公共建筑的能耗使用情况。而且能通过图表进行同一建筑不同时间的纵向比较以及不同建筑同一时间的横向比较，从而提供节能潜力分析数据。

在市住房城乡建设委整洁明亮的会议室墙壁上，嵌入的两块大显示屏格外引人注目，这就是平台的可视化界面，是公建能耗限额管理者们参考的"作战图"。市住房城乡建设委、区住房城乡建设委、技术支撑单位等相关人员经常在此召开研讨会，利用大数据平台全面而精准的分析捕捉能耗变化动向，为单体公共建筑支招。

"十三五"期间，平台还要进一步优化升级。在满足常规管理工作需要的同时，还将立足于用户角度加入更多功能。

公共建筑能耗限额管理系统登录界面

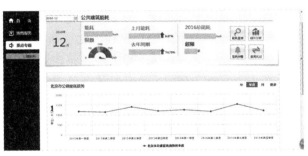

公共建筑能耗数据可视化展示界面

【展望】

未来"新常态"：公共建筑能效提升引领民用建筑节能跨越发展

今年，市住房城乡建设委发布《北京市公共建筑能效提升行动计划 (2016—2018 年)》，(以下简称《计划》)。

根据《计划》披露的总体目标，新建政府投资公益性建筑和大型公共建筑将全面执行绿色建筑二星级及以上标准；2018 年年底前，完成不少于 600 万平方米的公共建筑节能绿色化改造工作，实现年降耗 6 万吨标准煤。

未来将逐步构建、完善、创新的公共建筑节能运行及节能绿色化改造政策标准体系、公共建筑节能工作机制、公共建筑节能管理服务平台建设均在此文件中有具体的规划落实步骤。北京城市副中心、北京新航城、海淀北部新区等区域将建设一批超低能耗和高星级绿色公共建筑，引领示范本市其他新建的公共建筑。

未来三年行动计划实施的同时，多种能耗一并下降也将成为今后节能工作努力的新方向。"我们计划下一步将燃气、热力也纳入公共建筑能耗限额管理的范围，实现由单一节电迈向全面节能，相信在市政府的领导下，在社会各行业的积极参与下，本市的公建节能在十三五期间会取得更大的成绩。为建设低碳、绿色之都，国际一流和谐宜居之都做出更多更好的贡献"，市住房城乡建设委节能建材处副处长林波荣说道。

11 月 30 日，北京市人民政府新闻办公室和市住房城乡建设委联合举办"展望十三五发展谱新篇"新闻发布会，重磅发布了《北京市"十三五"时期民用建筑节能发展规划》(以下简称《规划》)，这份文件是全市"十三五"规划体系的重要组成部分和建筑节能工作的指导性文件。

《规划》根据《北京市国民经济和社会发展第十三个五年规划纲要》的精神和"十三五"时期首都节能减排与建设事业发展的需要，提出了今后五年本市建筑节能的发展目标、重点工作任务和保障措施。

文件指出，"十三五"期间，能源需求侧调控和能源供给侧改革进入新阶段，全市民用建筑能源消费总量和能耗强度将被进一步控制，实现民用建筑碳排放总量进一步降低。另外，在建筑规模总量一定的前提下，到 2020 年民用建筑能源消费总量控制在 4100 万吨标准煤以内，2020 年新建城镇居住建筑单位面积能耗比"十二五"末城镇居住建筑单位面积平均能耗下降25%，建筑能效达到国际同等气候条件地区先进水平。

未来，北京城市副中心工程、北京新机场、2022北京冬奥会场馆、环球影城、新首钢高端产业综合服务区等重大项目将建设成节能绿色建筑的典范；民用建筑用能信息大数据平台将逐步建设；政府机关办公建筑和大型公共建筑节能运行管理将得到加强；公共建筑能耗限额管理将得以强化……一系列规划的落地和相关工作的加强带来的将是北京市民用建筑节能的"新常态"。

公建能耗限额管理这场战役，环环相扣、紧密部署。在深入学习习总书记系列重要讲话精神和对北京工作重要指示后，贯彻落实京津冀协同发展规划纲要、中央城市工作会议精神和创新、协调、绿色、开放、共享的发展理念，使城市发展建设与节能减排工作紧密结合，将建设低碳城市作为首都未来的战略方向。公共建筑能耗限额管理"再升级"，作为在这一战略方向上迈出的重要一步，将使北京这个国际化都市以更加健康的节奏持续发展，同时，绿色低碳生态家园也不再遥远。

文／李超　田昕　盛喜忧　王延泽

参考文献

[1]《民用建筑设计通则》GB 50352—2015.

[2]《公共建筑节能设计标准》DB11/687—2015.

[3]《民用建筑能耗标准》GB/T51161—2016.

[4]《建筑能耗数据分类及表示方法》JG/T358—2012.

[5] 刘俊跃、夏建军、刘刚等.民用建筑能耗指标体系确定研究 [J]. 建设科技，2015（14）：36-40.

[6] 薛军、刘斐、李超等.北京市公共建筑能耗限额及级差电价管理机制研究与实践 [J]. 暖通空调，
2017（8）：36-40.

[7] 北京市住房和城乡建设委员会，北京市发展和改革委员会，北京市规划和国土资源管理委员会，
北京市财政局.关于印发《北京市公共建筑能效提升行动计划（2016 ~ 2018 年）》的通知（京建
发〔2016〕325 号）.

[8] 住房和城乡建设部标准定额研究所.中国民用建筑能耗总量控制策略——民用建筑节能顶层设
计.中国建筑工业出版社，2016.

[9] 温宗勇，杨伯钢.北京市房屋全生命周期管理平台建设与应用 [J]. 测绘科学，2014.

[10] PEREZ-LOMBARD L，ORTIZJ，GONZALEZ R .A review of benchmarking，rating and labeling
concepts with in the framework of building energy certification schemes[J].Energy and Buildings，2009，
41（3）：272-278.

[11] USEPA.ENERGYSTAR performance ratings technical methodology for hotel[EB/OL].[2015-06-07].

[12] VDI.Characteristic values of energy consumption in buildings heating and electricity（VDI3807-2-1998）
[S].German：VDI，1998.

[13] 清华大学建筑节能研究中心.中国建筑节能年度发展研究报告 2014[M]. 北京：中国建筑工业出版
社，2014：318-320.

[14] 徐强，支建杰，吴蔚.上海市公共建筑能耗监测平台能耗数据分析 [J]. 上海节能，2016（6）：304-309.

[15] 刘刚，孙冬梅，刘俊跃.深圳市公共建筑能耗定额标准编制思路与编制要点 [C] 第七届国际绿色
建筑与建筑节能大会论文集，2011：318-321.

[16] 李蓉樱.浙江省国家机关办公建筑和大型公共建筑节能监管的现状及对策研究 [J]. 浙江建筑，
2014，31（11）：52-53.

[17] 周智勇.建筑能耗定额的理论与实证研究 [D]. 重庆：重庆大学.

[18] 刘珊，郝斌，刘刚.基于建筑能耗限额的能耗总量控制策略与实践 [J]. 建设科技，2014（9）：20-23.

[19] 北京市发展和改革委员会.关于公布 2017 年北京市重点用能单位名单及做好相关工作的通知（京
发改〔2017〕925 号）.

[20] 胡勇.武汉公共建筑能耗定额制定与建筑能效等级认证体系的研究 [D]. 武汉：武汉科技大学，
2010.

[21] 刘刚，叶倩，魏庆芃，等.公共建筑能耗指标值确定方法研究 [J]. 建设科技，2015（14）：41-45.

[22] 邢华伟、田星一、范嵘斌.广州市公共建筑能耗限额指标编制研究 [J]. 建设科技，2014（16）：66.

后记

公共建筑的运行能耗与其运行管理水平密切相关，即便是同类建筑，其运行能耗也可能相差很大。因此，北京市选择以"限额"为考核手段、以建筑自身为参考对象来控制建筑的能耗总量，以期在适应城市建设规模不断扩大和能源消费水平高速增长的同时，逐渐实现从路径管理向效果控制的转移。由于与国内多数省市所采用的"定额"控制策略不同，在缺乏相关经验可借鉴的情况下，北京市的公共建筑电耗限额工作完全是摸着石头过河，在不断探索中缓步前进。在这四年的实践中，我们取得了一定的成效，并最终推出了符合北京特点的公共建筑电耗限额管理"北京方案"。然而，在公共建筑能耗限额管理领域，我们依然是刚起步的谦逊学生，如何应对北京市的新产业、新业态、新模式的快速发展，继续验证和完善"北京方案"，我们还有较长的一段路要走。

本书中，我们实事求是地分享了这三年实践工作中的经验与教训，衷心希望能够帮助正在和即将开展公共建筑能耗限额管理的省市少走一些弯路，同时希望能够得到相关同仁们的协作和指导，并一起致力于公共建筑的节能发展与管理工作，为实现中国的节能减排、绿色发展而共同奋斗。

感谢宋艳、吴超、孙博、徐俊芳、郝根培、盛喜忧、刘丽莉、仲敏、钟衍、王志忠等各位同事以及各区住建委节能管理部门的大力支持。

以下单位为本书的编写工作提供了支持和帮助：北京市住房和城乡建设委员会信息中心、宣传中心和物业服务指导中心，北京市测绘设计研究院等。此外，公共建筑电耗限额管理对象、东方低碳及天伦王朝饭店等单位为本书提供了丰富的基础数据和案例。

本书编写和出版过程中，中国建筑工业出版社的石枫华编辑付出了很多辛勤劳动，在此一并致谢。

虽然本书在编写过程中几易其稿，但由于时间仓促、任务重，书中难免有一些疏漏甚至是错误的地方，恳请各位读者不吝批评指正。

编写组

2018 年 3 月